水利工程建设与施工技术探索

曹永刚　苗广文　尹姝君 ◎ 著

经济日报出版社

北　京

图书在版编目（ＣＩＰ）数据

水利工程建设与施工技术探索 ／ 曹永刚，苗广文，
尹姝君著. -- 北京 ：经济日报出版社，2025.2
ISBN 978-7-5196-1462-1

Ⅰ．①水… Ⅱ．①曹… ②苗… ③尹… Ⅲ．①水利建
设－研究②水利工程－施工管理－研究 Ⅳ．①TV512

中国国家版本馆CIP数据核字(2024)第 031729 号

水利工程建设与施工技术探索
SHUILI GONGCHENG JIANSHE YU SHIGONG JISHU TANSUO
曹永刚　　苗广文　尹姝君　　著

出版发行：*经济日报* 出版社
地　　址：北京市西城区白纸坊东街 2 号院 6 号楼
邮　　编：100054
经　　销：全国各地新华书店
印　　刷：廊坊市博林印务有限公司
开　　本：787mm×1092mm　1/16
印　　张：11.75
字　　数：250 千字
版　　次：2025 年 2 月第 1 版
印　　次：2025 年 2 月第 1 次
定　　价：68.00 元

前　言

　　水利工程属于利国利民的项目，需要充分关注施工技术要点，结合时代发展步伐创新施工技术，提升施工质量，保证人民的生命财产安全。

　　众所周知，水利工程的建设主要是为了有效地控制地下水与地表水的使用，为人们带来便捷，避免发生水灾害。在水利工程实际施工的过程中，将阀门合理地安装到河道或渠道上，使其能够有效地调节水位、控制水流量，确保水利工程有效实施。相同地区的水利工程在施工的过程中是相辅相成、相互制约的。因此，水利工程在建设的前期要从多方面考量，才能制定合理高效的施工方案。

　　本书主要研究水利工程建设与施工技术，从水利基础知识入手，介绍了水文与地质知识，水资源与水利枢纽知识，水库、水电站与泵站，节水灌溉知识；对水利工程施工组织组成与规划，水利工程建设质量控制与进度控制提出了建议；对爆破工程施工技术，混凝土坝工程施工技术，水闸和渠系建筑物施工技术进行了分析研究，旨在摸索出一条适合水利工程建设与施工技术的科学道路，帮助其工作者在应用中少走弯路，运用科学方法，提高效率。

曹永刚　苗广文　尹姝君

2024 年 8 月

目　录

第一章　水利基础知识

第一节　水文与地质知识

一、水文知识

（一）河流和流域

地表上较大的天然水流称为河流。河流作为陆地上最重要的水资源和水能资源，是自然界中水文循环的主要通道。我国的主要河流一般发源于山地，最终流入海洋、湖泊或洼地。沿着水流的方向，一条河流可以分为河源、上游、中游、下游和河口几段。我国最长的河流是长江，其河源发源于青藏高原上的唐古拉山脉，湖北宜昌以上河段为上游，长江的上游主要在深山峡谷中，水流湍急，水面坡降大。湖北宜昌至江西湖口的河段为中游，河道蜿蜒弯曲，水面坡降小，水面明显宽敞。长江下游从江西湖口至入海口，江面宽、水流缓，流经中下游平原，是中国重要的内河航运通道，被誉为"黄金水道"。

在水利枢纽工程中，为便于工作，习惯上以面向河流下游为准，左手侧河岸称为左岸，右手侧河岸称为右岸。我国的主要河流，多数流入太平洋，如长江、黄河、珠江等。少数流入印度洋（怒江、雅鲁藏布江等）和北冰洋。在沙漠中的少数河流只有在雨季存在，成为季节河。

直接流入海洋或内陆湖的河流称为干流，流入干流的河流为一级支流，流入一级支流的河流为二级支流，依次类推。河流的干流、支流、溪涧和流域内的湖泊彼此连接所形成的庞大脉络系统，称为河系或水系，如长江水系、黄河水系、太湖水系。

一个水系的干流及其支流的全部集水区域称为流域。在同一个流域内的降水，最终通过同一个河口注入海洋，如长江流域、珠江流域。较大的支流或湖泊也能称为流域，如汉水流域、清江流域、洞庭湖流域、太湖流域。两个流域之间的分界线称为分水线，是分隔两个流域的界限。在山区，分水线通常为山岭或山脊，所以又称分水岭，如秦岭为长江和黄河的分水岭。在平原地区，流域的分水线则不甚明显。特殊情况如黄河下游，其北岸为海河流域，南岸为淮河流域，黄河两岸大堤成为黄河流域与其他流域的分水线。流域的地表分水线与地下分水线有时并不完全重合，一般以地表分水线作为流域分水线。在平原地区，划分明确的分水线往往是较为困难的。

描述流域形状特征的主要几何形态指标有以下几个：

第一，流域面积是流域的封闭分水线内区域在平面上的投影面积。

第二，流域长度即流域的轴线长度。以流域出口为中心画许多同心圆，由每个同心圆与分水线相交作割线，各割线中点顺序连线的长度即为流域长度。

影响河流水文特性的主要因素包括：流域内的气象条件（降水、蒸发等），地形和地质条件（山地、丘陵、平原、岩石、湖泊、湿地等），流域的形状特征（形状、面积、坡度、长度、宽度等），地理位置（纬度、海拔、临海等），植被条件和湖泊分布，人类活动等。

（二）河（渠）道的水文学和水力学指标

1.河（渠）道横断面

河（渠）道横断面是指垂直于河流方向的河道断面地形。天然河道的横断面形状多种多样，常见的有V形、U形、复式等。人工渠道的横断面形状则比较规则，一般为矩形、梯形。河道水面以下部分的横断面为过水断面。而过水断面的面积随河水水面涨落变化，与河道流量相关。

2.河道纵断面

河道纵断面是指沿河道纵向最大水深线切取的断面。

（三）河川径流

河川径流形成的过程是指自降水开始，到河水从海口断面流出的整个过程。这个过程非常复杂，一般要经历降水、蓄渗（入渗）、产流和汇流四个阶段。

降雨初期，雨水降落到地面后，除了一部分被植被的枝叶或洼地截留，大部分渗入土壤中。如果降水强度小于土壤入渗率，雨水不断渗入到土壤中，不会产生地表径流，在土壤中的水分达到饱和以后，多余部分则在地面形成坡面漫流。当降水强度大于土壤的入渗率时，土壤中的水分来不及被降水完全饱和，一部分雨水在不断渗入土壤的同时，另一部分雨水开始在坡面形成流动。初始流动沿坡面最大坡降方向漫流。坡面水流顺坡面逐渐汇集到沟槽、溪涧中，形成溪流。从涓涓细流汇流形成小溪、小河，最后归于大江大河。而渗入土壤的水分，一部分将通过土壤和植物蒸发到空中，另一部分通过渗流缓慢地从地下渗出，形成地下径流。相当一部分地下径流将补充注入高程较低的河道内，成为河川径流的一部分。

降雨形成的河川径流与流域的地形、地质、土壤、植被，降雨强度、时间、季节，以及降雨区域在流域中的位置等因素有关。因此，河川径流具有循环性、不重复性和地区性。

（四）河流的洪水

当流域在短时间内较大强度地集中降雨，或是地表冰雪迅速融化时，大量水经地表或地下迅速地汇集到河槽，造成河道内径流量急增，河流中发生洪水。

河流的洪水过程是从河道流量较小、较平缓的某一时刻开始，河流的径流量迅速增长，并到达一峰值，随后逐渐降落到趋于平缓的过程。与此同时，河道的水位也经历了上涨、下落的过程。河道洪水流量大的变化过程曲线称为洪水过程线。洪水过程线上的最大值称为洪峰流，起涨点以下流量称为基流。基流由岩石和土壤中的水缓慢外渗或冰雪逐渐融化形成。大江大河的支流众多，各支流的基流汇合，使其基流量也比较大。山区性河流，特别是小型山溪，基流非常小，冬天枯水期甚至断流。

洪水过程线的形状与流域条件和暴雨情况有关。

影响洪水过程线的流域条件有河流纵坡降、流域形状系数。一般而言，山区性河流由于山坡和河床较陡，河水汇流时间短，洪水很快形成，又很快消退。洪水陡涨陡落，往往几小时或十几小时就经历一次洪水过程。平原河流或大江大河干流上，一次洪水过程往往需要经历三天、七天甚至半个月。如果第一场降雨形成的洪水过程尚未完成又遇降雨，洪水过程线就会形成双峰或多峰。在大流域中，因多条支流相继降水，也会造成双峰或其他组合形态。如黄河发生第二个洪峰追上第一个洪峰而入海的现象，即在上游某处洪水过程线为双峰，到下游某处洪水过程线为单峰。流域形状系数大，表示河道相对较长，汇流时间较长，洪水过程线相对较平缓，反之则涨落时间较短。

影响洪水过程线的暴雨条件有暴雨强度、降雨时间、降雨量、降雨面积、雨区在流域中的位置等。洪水过程线还与降雨季节及上一场降雨的间隔时间等有关。如春季第一场降雨，因地表土壤干燥而使其洪峰流量较小。而在夏季，同样的降雨可能因土壤饱和而使其洪峰流量明显变大。流域内的地形、河流、湖泊、洼地的分布也是影响洪水过程线的重要因素。

由于种种原因，实际发生的每一次洪水过程线都有所不同。但是，同一条河流的洪水过程线还是有其基本的规律。研究河流洪水过程线及洪峰流量大小，可为防洪、工程设计等提供理论依据。工程设计中，通过分析诸多洪水过程线，可以选择其中具有典型特征的一条，称为典型洪水过程线。典型洪水过程线能够代表该流域（或河道断面）的洪水特征，作为设计依据。

符合设计标准（指定频率）的洪水过程线称为设计洪水过程线。设计洪水过程线由典型洪水过程线按一定的比例放大而得。典型洪水过程线放大的常用方法有同倍比放大法和同频率放大法，其中同倍比放大法又有"以峰控制"和"以量控制"两种。

（五）河流的泥沙

河流中常挟带着泥沙，是水流冲蚀流域地表所形成，且这些泥沙随着水流在河槽中运动。河流中的泥沙一部分是由洪水从上游冲蚀带来的，一部分是从沉积在原河床上的泥沙冲扬起来的。当由上游洪水带来的泥沙总量与被洪水带走的泥沙总量相等时，河床处于冲淤平衡状态。冲淤平衡时，河床维持稳定。我国河流的水量大部分由降雨汇集而成。暴雨是地表侵蚀的主要因素。地表植被情况是影响河流泥沙含量多少的另一主要因素。在我国南方，尽管暴雨强度远大于北方，但由于植被情况良好，河流泥沙含量远小于北方。黄河流经北方植被条件差的黄土地区，黄土结构疏松，抗雨水冲蚀能力差，使黄河成为高含沙量的河流。影响河流泥沙含量的另一重要因素是人类活动。近年来，随着部分地区的盲目开发，南方某些河流的泥沙含量也较之前有所增多。

泥沙在河道或渠道中有两种运动方式。颗粒小的泥沙能够被流动的水流扬起，并被带动着随水流运动，称为悬移质。颗粒较大的泥沙只能被水流推动着在河床底部滚动，称为推移质。水流挟带泥沙的能力与河道流速大小相关。流速大，则挟带泥沙的能力大，泥沙在水流中的运动方式也随之变化。在坡度陡、流速高的地方，水流能够将较大粒径的泥沙扬起，成为悬移质。这部分泥沙被带到河势平缓、流速低的地方时，落于河床上转变为推移质，甚至沉积下来，成为河床的一部分。沉积在河床上的泥沙称为床沙。悬移质、推移质和床沙在河流中随水流流速的变化相互转化。

在自然条件下，泥沙运动不断地改变着河床形态。随着人类活动的介入，河流的自然变迁条件受到限制。人类在河床两岸筑堤挡水，使泥沙淤积在受到约束的河床内，从而抬高河床底高程。随着泥沙不断地淤积和河床不断地抬高，人类被迫不断地加高河堤。例如，黄河开封段、长江荆江段均已成为河床底部高于两岸陆面十多米的悬河。

水利工程建成以后，破坏了天然河流的水沙条件与河床形态的相对平衡。拦河坝的上游，因为水库水深增加，水流流速大为降低，泥沙因此而沉积在水库内。泥沙淤积的一般规律是：从河流回水末端的库首地区开始，入库水流流速沿程逐渐减小。因此，粗颗粒首先沉积在库首地区，较细颗粒沿程陆续沉积，直至坝前。随着库内泥沙淤积高程的增加，较粗颗粒也会逐渐带至坝前。水库之中的泥沙淤积会使水库库容减少，降低工程效益。泥沙淤积在河流进入水库的口门处，会抬高口门处的水位及其上游回水水位，增加上游淹没，进入水电站的泥沙会磨损水轮机。水库下游，因泥沙被水库拦截，下泄水流变清，河床因清水冲刷造成刷深下切。

在多沙河流上建造水利枢纽工程时，需要考虑泥沙淤积对水库和水电站的影响，在适当的位置设置专门的冲沙建筑物，用以减缓库区淤积速度，阻止泥沙进入发电输水管（渠）道，延长水库和水电站的使用寿命。

描述河流泥沙的特征值有以下三个：

第一，含沙量。单位水体中所含泥沙重量，单位 kg/m^3。

第二，输沙量。一定时间内通过某一过水断面的泥沙重量，一般以年输沙量衡量一条河流的含沙量。

第三，起动流速。使泥沙颗粒从静止变为运动的水流流速。

二、地质知识

（一）地质年代和地层单位

地球形成至今已有46亿年，对整个地质历史时期而言，地球的发展演化及地质事件的记录和描述需要有一套相应的时间概念，即地质年代。同人类社会发展历史分期一样，可将地质年代按时间的长短依次分为宙、代、纪、世、期不同时期，对应于上述时间段所形成的岩层（即地层）依次称为宇、界、系、统、阶，这便是地层单位。如太古代形成的地层称为太古界，石炭纪形成的地层称为石炭系等。

（二）岩层产状

1.岩层产状要素

岩层产状指岩层在空间的位置，用走向、倾向和倾角表示，称为岩层产状三要素。

2.岩层产状要素的测量

岩层产状要素需用地质罗盘测量。地质罗盘的主要构件有磁针、刻度环、方向盘、倾角旋钮、水准泡、磁针锁制器等。刻度环和磁针是用来测岩层的走向和倾向的。刻度环按方位角分划，以北为0°，逆时针方向分划为360°。在方向盘上用四个字母代表地理方位，即N（0°）表示北，S（180°）表示南，E（90°）表示东，W（270°）表示西。方向盘和倾角旋钮是用来测倾角的。方向盘角度变化介于0°~90°。

（1）测量走向

地质罗盘水平放置，将罗盘与南北方向平行的边与层面贴触（或将罗盘的长边与岩层面贴触），调整圆水准泡居中，此时罗盘边与岩层面的接触线即为走向线，磁针（无论是南针还是北针）所指刻度环上的度数即为走向。

（2）测量倾向

地质罗盘水平放置，将方向盘上的N极指向岩层层面的倾斜方向，同时使罗盘平行于东西方向的边（或短边）与岩层面贴触，调整圆水准泡居中，此时北针所指刻度环上的度数即为倾向。

（3）测量倾角

地质罗盘侧立摆放，将罗盘平行于南北方向的边（或长边）与层面贴触，并垂直于走向线，然后转动罗盘背面的测有旋钮，使K水准泡居中，此时倾角旋钮所指方向盘上的度数即为倾角大小。若是长方形罗盘，此时桃形指针在方向盘上所指的度数，即为所测的倾角大小。

3.岩层产状的记录方法

岩层产状的记录方法有以下两种。

（1）象限角表示法

一般以北或南的方向为准，记走向、倾向和倾角。如N30°E，NWZ35°，即走向北偏东30°，向北西方向倾斜、倾角35°。

（2）方位角表示法

一般只记录倾向和倾角。如SW230°，W35°，前者为倾向的方位角，后者是倾角，即倾向230°，倾角35°。走向可通过倾向±90°的方法换算求得。在上述记录表示岩层走向为北西320°，倾向南西230°，倾角35°。

（三）水平构造、倾斜构造和直立构造

1.水平构造

岩层产状呈水平（倾角$\alpha=0°$）或近似水平（$\alpha<5°$）。岩层呈水平构造，表明该地区地壳相对稳定。

2.倾斜构造（单斜构造）

岩层产状的倾角$0°<\alpha<90°$。

岩层呈倾斜构造说明该地区地壳不均匀抬升或受到岩浆作用影响。

3.直立构造

岩层产状的倾角$\alpha<90°$，岩层呈直立状。

岩层呈直立构造说明岩层受到强有力的挤压。

（四）褶皱构造

褶皱构造是指岩层受构造应力作用后产生的连续弯曲变形。绝大多数褶皱构造是岩层在水平挤压力作用下形成的。褶皱构造是岩层在地壳中广泛发育的地质构造形态之一，它在层状岩体中最为明显，在块状岩体中则很难见到。褶皱构造的每一个向上或向下弯曲称为褶曲。两个或两个以上的褶曲组合叫褶皱。

1.褶皱要素

褶皱构造的各个组成部分称为褶皱要素。

（1）核部

褶曲中心部位的岩层。

（2）翼部

核部两侧的岩层。一个褶曲有两个翼。

（3）翼角

翼部岩层的倾角。

（4）轴面

对称平分两翼的假象面。轴面可以是平面，也可以是曲面。轴面与水平面的交线称为轴线；轴面与岩层面的交线称为枢纽。

（5）转折端

褶皱面从一翼转到另一翼的弯曲部分。

2.褶皱的基本形态

褶皱的基本形态是背斜和向斜。

（1）背斜

岩层向上弯曲，两翼岩层常向外倾斜，核部岩层时代较老，两翼岩层依次变新并呈对称分布。

（2）向斜

岩层向下弯曲，两翼岩层常向内倾斜，核部岩层时代较新，两翼岩层依次变老并呈对称分布。

3.褶皱的类型

根据轴面产状和两翼岩层的特点，将褶皱分为直立褶皱、倾斜褶皱、倒转褶皱、平卧褶皱、翻卷褶皱。

4.褶皱构造对工程的影响

（1）褶皱构造影响着水工建筑物地基岩体的稳定性及渗透性

选择坝址时，应尽量避开褶曲轴面地段。因为轴面节理发育、岩石破碎、易受风化、岩体强度低、渗透性强，所以工程地质条件较差。当坝址选在褶皱翼部时，若坝轴线平行于岩层走向，则坝基岩性较均一。再从岩层产状考虑，岩层倾向上游，倾角较陡时，对坝基岩体抗滑稳定有利，也不易产生顺层渗漏。

（2）褶皱构造与其蓄水的关系

褶皱构造中的向斜构造，是良好的蓄水构造，在这种构造盆地中打井，地下水常较丰富。

（五）断裂构造

岩层受力后产生变形，当作用力超过岩石的强度时，岩石就会发生破裂，形成断裂构造。断裂构造的产生，必将对岩体的稳定性、透水性及其工程建设产生较大影响。

根据破裂之后的岩层有无明显位移，把断裂构造分为节理和断层两种形式。

1.节理

节理也叫裂隙，它代表着岩石中岩块沿破裂面没有出现显著位移。节理按照成因分为三种类型：第一种为原生节理，岩石在成岩过程中形成的节理，如玄武岩中的柱状节理；第二种为次生节理，风化、爆破等原因形成的裂隙，如风化裂隙等；第三种为构造节理，由构造应力所形成的节理。其中，构造节理分布最广。构造节理又分为张节理和剪节理。张节理由张应力作用产生，多发育在褶皱的轴部，其主要特征为：节理面粗糙不平，无擦痕，节理多开口，一般被其他物质充填，在砾岩或砂岩中的张节理常常绕过砾石或砂粒，节理一般较稀疏，而且延伸不远。剪节理由剪应力作用产生，其主要特征为：节理面平直光滑，有时可见擦痕，节理面一般是闭合的，没有充填物，在砾岩或砂岩中的剪节理常常切穿砾石或砂粒，产状较稳定，间距小、延伸较远，发育完整的剪节理呈X形。

2.断层

有明显位移的断裂称为断层。

（1）断层要素

断层的基本组成部分叫断层要素。断层要素包括断层面、断层线、断层带、断盘及断距。

①断层面。岩层发生断裂并沿其发生位移的破裂面。它的空间位置仍由走向、倾向和倾角表示。它可以是平面的，也可以是曲面的。

②断层线。断层面与地面的交线。其方向表示断层延伸方向。

③断层带。包括断层破碎带和影响带。破碎带指被断层错动搓碎的部分，常由岩块碎屑、粉末、角砾及黏土颗粒组成，其两侧被断层面所限制，影响带是指靠近破碎带两侧的岩层受断层影响裂隙发育或发生牵引弯曲的部分。

④断盘。断层面两侧相对位移的岩块称为断盘。其中，断层面之上的称为上盘，断层面之下的称为下盘。

⑤断距。断层两盘沿断层面相对移动的距离。

（2）断层的基本类型

按照断层两盘相对位移的方向，将断层分为以下三种类型：

①正断层。上盘相对下降，下盘相对上升的断层。

②逆断层。上盘相对上升，下盘相对下降的断层。

③平移断层。是指两盘沿断层面作相对水平位移的断层。

（3）断裂构造对工程的影响

节理和断层的存在，破坏了岩石的连续性和完整性，降低了岩石的强度，增强了岩石的透水性，给水利工程建设带来很大影响。如节理密集带或断层破碎带，会导致水工建筑物的集中渗漏、不均匀变形，甚至发生滑动破坏。因此，在选择坝址、确定渠道及隧洞线路时，尽量避开大的断层和节理密集带，否则必须对其进行开挖、帷幕灌浆等，甚至调整坝或洞轴线的位置。这些破碎地带，有利于地下水的运动和汇集。因此，断裂构造对于山区找水具有重要意义。

第二节 水资源与水利枢纽知识

一、水资源规划知识

（一）规划类型

1.按水体划分

按不同水体可分为地表水开发规划、地下水开发规划、污水资源化规划、雨水资源利用规划和海咸水淡化利用规划等。

2.按目的划分

按不同目的可分为供水水资源规划、水资源综合利用规划、水资源保护规划、水土保持规划、水资源养蓄规划、节水规划和水资源管理规划等。

3.按用水对象划分

按不同用水对象可分为人畜生活饮用水供水规划、工业用水供水规划与农业用水供水规划等。

4.按自然单元划分

按不同自然单元可分为独立平原的水资源开发规划、流域河系水资源梯级开发规划、小流域治理规划与局部河段水资源开发规划等。

5.按行政区域划分

按不同行政区域可分为以宏观控制为主的全国性水资源规划和包含特定内容的省、地（市）、县域水资源开发规划。乡镇因常常不是一个独立的自然单元或独立小流域，而水资源开发不仅受到地域的限制，也受到水资源条件的限制，所以，按行政区划的水资源开发规划至少应是县以上行政区域。

6.按目标单一与否划分

按目标的单一与否可分为单目标水资源开发规划（经济或社会效益的单目标）和多目标水资源开发规划（经济、社会、环境等综合多目标）。

7.按内容和含义划分

按不同内容和含义可分为综合规划和专业规划。

各种水资源开发规划编制的基础是相同的，相互间是不可分割的，但是各自的侧重点或主要目标不同，且各具特点。

（二）规划的方法

进行水资源规划必须了解和搜集各种规划资料，且要掌握处理和分析这些资料的方法，使之为规划任务的总目标服务。

1.水资源系统分析的基本方法

水资源系统分析的常用方法包括：

（1）回归分析方法

它是处理水资源规划资料最常用的一种分析方法，包含一元线性回归分析、多元回归分析、非线性回归分析、拟合度量和显著性检验等。

（2）投入产出分析法

它在描述、预测、评价某项水资源工程对该地区经济作用时具有明显的效果。它不仅可以说明直接用水部门的经济效果，也可以说明间接用水部门的经济效果。

（3）模拟分析方法

在水资源规划中多采用数值模拟分析。数值模拟分析又可分为两类：数学物理方法和统计技术。数值模拟技术中数学物理方法在水资源规划的确定性模型中应用较为广泛。

（4）最优化方法

由于水资源规划过程中插入的信息和约束条件不断增加，为处理和分析这些信息，以制定和筛选出最有希望的规划方案，最优化技术是行之有效的方法。在水资源规划中最常用的最优化方法有线性规划、网络技术动态规划与排队论等。

上述四类方法是水资源规划中常用的基本方法。

2.系统模型的分解与多级优化

在水资源规划中，系统模型的变量很多，模型结构较为复杂，所以完全采用一种水利工程设计与施工方法求解是困难的。因此，在实际工作中，往往把一个规模较大的复杂系统分解成许多"独立"的子系统，分别建立子模型，然后根据子系统模型的性质以及子系统的目标和约束条件，采用不同的优化技术求解。这种分解和多级优化的分析方法在求解大规模复杂的水资源规划问题时非常有用，它的突出优点是使系统的模型更为逼真，在一个系统模型内可以使用多种模拟技术和最优化技术。

3.规划的模型系统

在一个复杂的水资源规划中，可以有许多规划方案。从加快方案筛选的观点出发，必须建立一套适宜的模型系统。对于一般的水资源规划问题可建立三种模型系统：筛选模型、模拟模型、序列模型。

系统分析的规划方法不同于"传统"的规划方法，它涉及社会、环境和经济方面的各种要求，并考虑多种目标。这种方法在实际使用中已显示出它的优越性，是一种适合于复杂系统综合分析需要的方法。

强化节水约束性指标管理。严格落实水资源开发利用总量、用水效率和水功能区限制纳污总量"三条红线"，实施水资源消耗总量和强度双控行动，健全取水计量、水质监测和供用耗排监控体系。加快制定重要江河流域水量分配方案，细化落实覆盖流域和省、市、县三级行政区域的取用水总量控制指标，严格控制流域和区域取用水总量。实施引调水工程要先评估节水潜力，落实各项节水措施。健全节水技术标准体系。将水资源开发、利用、节约和保护的主要指标纳入地方经济社会发展综合评价体系，县级以上地方人民政府对本行政区域水资源管理和保护工作负总责。加强最严格水资源管理制度考核工作，把节水作为约束性指标纳入政绩考核，在严重缺水的地区率先推行。

强化水资源承载能力刚性约束。加强相关规划和项目建设布局水资源论证工作，国民经济和社会发展规划以及城市总体规划的编制、重大建设项目的布局，应当与当地水资源条件和防洪要求相适应。严格执行建设项目水资源论证和取水许可制度，对取用水总量已达到或超过控制指标的地区，暂停审批新增取水。强化用水定额管理，完善重点行业、区域用水定额标准。严格水功能区监督管理，从严核定水域纳污容量，严格控制入河湖排污总量，对排污量超出水功能区限排总量的地区，限制审批新增取水和入河湖排污口。强化水资源统一调度。

强化水资源安全风险监测预警。健全水资源的安全风险评估机制，围绕经济安全、资源安全、生态安全，从水旱灾害、水供求态势、河湖生态需水、地下水开采、水功能区水质状况等方面，科学评估全国及区域水资源安全风险，加强水资源风险防控。以省、市、县三级行政区为单元，开展水资源承载能力评价，建立水资源安全风险识别和预警机制。抓紧建成国家水资源管理系统，健全水资源监控体系，完善水资源监测、用水计量与统计等管理制度和相关技术标准体系，加强省界等重要控制断面、水功能区和地下水的水质水量监测能力建设。

二、水利枢纽知识

（一）水利枢纽的分类

水利枢纽的规划、设计、施工和运行管理应尽量遵循综合利用水资源的原则。水利枢纽的类型很多，为实现多种目标而兴建的水利枢纽，建成后能满足国民经济不同部门的需要，称为综合利用水利枢纽。以某一单项目标为主而兴建的水利枢纽，常以主要目标命名，如防洪枢纽、水力发电枢纽、航运枢纽、取水枢纽等。在很多情况下水利枢纽是多目标的综合利用枢纽，如防洪—发电枢纽，防洪—发电—灌溉枢纽，发电—灌溉—航运枢纽等。按拦河坝的型式还可分为重力坝枢纽、拱坝枢纽、土石坝枢纽及水闸枢纽等。根据修建地点的地理条件不同，有山区、丘陵区水利枢纽和平原、滨海区水利枢纽之分。根据枢纽上下游水位差的不同，有高、中、低水头之分，世界各国对此无统一规定。我国一般水头70m以上的是高水头枢纽，水头30~70m的是中水头枢纽，水头30m以下的是低水头枢纽。

（二）水利枢纽工程基本建设程序及设计阶段划分

1.增加预可行性研究报告阶段

在江河流域综合利用规划及河流（河段）水电规划选定开发方案基础上，根据国家与地区电力发展规划的要求，编制水电工程预可行性研究报告。预可行性研究报告经主管部门审批后，即可编报项目建议书。预可行性研究报告是在江河流域综合利用规划或河流（河段）水电规划以及电网电源规划基础上进行的设计阶段。其任务是论证拟建工程在国民经济发展中的必要性、技术可行性、经济合理性。本阶段的主要工作内容包括：河流概况及水文气象等基本资料的分析；工程地质和建筑材料的评价；工程规模、综合利用及环境影响的论证；初拟坝址、厂址和引水系统线路；初步选择坝型、电站、泄洪、通航等主要建筑物的基本形式与枢纽布置方案；初拟主体工程的施工方法，进行施工总体布置、估算工程总投资、工程效益的分析和经济评价等。预可行性研究报告阶段的成果，为国家和有关部门作出投资决策及筹措资金提供基本依据。

2.将原有可行性研究与初步设计两阶段合并，统称为可行性研究报告阶段

加深原有可行性研究报告深度，使其达到原有初步设计编制规程的要求。并以《水利水电工程初步设计报告编制规程》为准编制可行性研究报告。可行性研究报告阶段的设计任务在于进一步论证拟建工程在技术上的可行性和经济上的合理性，并要解决工程建设中重要的技术经济问题。主要设计内容包括：对水文、气象、工程地质以及天然建筑材料等基本资料做进一步分析与评价；论证本工程及主要建筑物的等级；进行水文水利计算，确定水库的各种特征水位及流量，选择电站的装机容量、机组机型和电气主接线以及主要机电设备；论证并选定坝址、坝轴线、坝型、枢纽总体布置及其他主要建筑物的形式和控制性尺寸；选择施工导流方案，进行施工方法、施工进度和总体布置的设计，提出主要建筑材料、施工机械设备、劳动力、供水、供电的数量和供应计划；提出水库移民安置规划；提出工程总概算，进行技术经济分析，阐明工程效益。最后提交可行性研究报告文件，主要包括文字说明和设计图纸及有关附件。

3.招标设计阶段

暂按原技术设计要求进行勘测设计工作，在此基础上编制招标文件。招标文件分三类：主体工程、永久设备和业主委托的其他工程的招标文件。招标设计是在批准的可行性研究报告的基础上，将确定的工程设计方案进一步具体化，详细定出总体布置和各建筑物的轮廓尺寸、材料类型、工艺要求和技术要求等。其设计深度要求做到可以根据招标设计图较准确地计算出各种建筑材料的规格、品种和数量，混凝土浇筑、土石方填筑和各类开挖、回填的工程量，各类机械电气和永久设备的安装工程量等。根据招标设计图所确定的各类工程量和技术要求，以及施工进度计划，监理工程师可以进行施工规划并编制出工程概算，作为编制标底的依据。编标单位则可据此编制招标文件，包括合同的一般条款、特殊条款、技术规程和各项工程的工程量表，满足以固定单价合同形式进行招标的需要。施工投标单位，也可据此进行投标报价和编制施工方案及技术保证措施。

4.施工详图阶段

配合工程进度编制施工详图。施工详图设计是在招标设计的基础上，对各建筑物进行结构和细部构造设计；最后确定地基处理方案，进行处理措施设计；确定施工总体布置及施工方法，编制施工进度计划和施工预算等；提出整个工程分部分项的施工、制造、安装详图。施工详图是工程施工的依据，也是工程承包或工程结算的依据。

（三）水利工程的影响

水利工程是防洪、除涝、灌溉、发电、供水、围垦、水土保持、移民、水资源保护等工程及其配套和附属工程的统称，是人类改造自然、利用自然的工程。修建水利工程，是为了控制水流、防止洪涝灾害，并进行水量的调节和分配，从而满足人民生活和生产对水资源的需要。因此，大型水利工程往往显现出显著的社会效益和经济效益，带动地区经济发展，促进流域以至整个中国经济社会的全面可持续发展。

但是也必须注意到，水利工程的建设可能会破坏河流或河段及其周围地区在天然状态下的相对平衡。特别是具有高坝大库的河川水利枢纽建成运行，对周围的自然和社会环境都将产生重大影响。

修建水利工程对生态环境的不利影响：河流中筑坝建库后，上下游水文状态将发生变化。如可能出现泥沙淤积、水库水质下降、淹没部分文物古迹和自然景观，还可能会改变库区及河流中下游水生生态系统的结构和功能，对一些鱼类和植物的生存和繁殖产生不利影响；水库的"沉沙池"作用，使过坝的水流成为"清水"，冲刷能力加大，由于水势和含沙量的变化，还可能改变下游河段的河水流向和冲积程度，造成河床被冲刷侵蚀，也可能影响到河势变化乃至河岸稳定；大面积的水库还会引起气候的变化，库区蓄水后，水域面积扩大，水的蒸发量上升，由此会造成附近地区日夜温差缩小，改变库区的气候环境，例如可能增加雾天的出现频率；兴建水库可能会增加库区地质灾害发生的频率，例如，兴建水库可能会诱发地震，增加库区及附近地区地震发生的频率；山区的水库由于两岸山体下部未来长期处于浸泡之中，发生山体滑坡、塌方和泥石流的频率可能会有所增加；深水库底孔下放的水，水温会较原天然状态有所变化，可能不如原来情况更适合农作物生长，此外，库水化学成分改变、营养物质浓集导致水的异味或缺氧等，也会给生物带来不利影响。

修建水利工程对生态环境的有利影响：防洪工程可有效地控制上游洪水，提高河段甚至流域的防洪能力，从而避免洪涝灾害带来的生态环境破坏；水力发电工程利用清洁的水能发电，与燃煤发电相比，二氧化碳、二氧化硫等有害气体可以减少排放，减轻酸雨、温室效应等大气危害以及燃煤开采、洗选、运输、废渣处理所导致的严重环境污染；能调节工程中下游的枯水期流量，有利于改善枯水期水质；有些水利工程可为调水工程提供水源条件；高坝大库的建设较天然河流大大增加了的水库面积与容积可以养鱼，对渔业有利；水库调蓄的水量增加了农作物灌溉的机会。

此外，由于水位上升使库区被淹没，需要进行移民，并且由于兴建水库导致库区的风景名胜和文物古迹被淹没，需要进行搬迁、复原等。在国际河流上兴建水利工程，等于重新分配了水资源，间接地影响了水库所在国家与下游国家的关系，还可能会造成外交上的影响。

综上所述，兴建水利工程，必须充分考虑其影响，精心研究，针对不利影响应采取有效的对策及措施，促进水利工程所在地区经济、社会和环境协调发展。

第三节 水库、水电站与泵站

一、水库与水电站知识

（一）水库知识

1.水库的概念

水库是指在山沟或河流的狭口处建造拦河坝形成人工湖泊。水库建成后，可发挥防洪、蓄水、灌溉、供水、发电、养鱼等效益。有时天然湖泊也称为水库（天然水库）。

水库规模通常按总库容大小划分，水库总库容M$10 \times 10^8 m^3$的为大（1）型水库，水库总库容为（$1.0 \sim 10$）$\times 10^8 m^3$的是大（2）型水库，水库总库容为（$0.10 \sim 1.0$）$\times 10^8 m^3$的

是中型水库，水库总库容为（0.01~0.10）×10^8m^3的是小（1）型水库，水库总库容为（0.001~0.01）×10^8m^3的是小（2）型水库。

2.水库的作用

河流天然来水在一年及各年间一般都会有所变化，这种变化与社会工农业生产及人们生活用水在时间和水量分配上往往存在矛盾。兴建水库是解决这类矛盾的主要措施之一，同时也是综合利用水资源的有效措施。水库不仅可以使水量在时间上重新分配，满足灌溉、防洪、供水的要求，还可以利用大量的蓄水和抬高了的水头来满足发电、航运及渔业等其他用水部门的需要。水库在来水多时把水存蓄在水库中，然后根据灌溉、供水、发电、防洪等综合利用要求适时适量地进行分配。这种把来水按用水要求在时间和数量上重新分配的作用，称为水库的调节作用。水库的径流调节是指利用水库的蓄泄功能，有计划地对河川径流在时间和数量上进行控制和分配。

径流调节通常按水库调节周期分类，根据调节周期的长短，水库也可分为无调节、日调节、周调节、年调节和多年调节水库。无调节水库没有调节库容，按天然流量供水；日调节水库按用水部门一天内的需水过程进行调节；周调节水库按用水部门一周内的需水过程进行调节；年调节水库将一年中的多余水量存蓄起来，用以提高缺水期的供水量；多年调节水库将丰水年的多余水量存蓄起来，用以提高枯水年的供水量，调节周期超过一年。水库径流调节的措施是修建大坝（水库）和设置调节流量的闸门。

水库还可按水库所承担的任务，划分为单一任务水库和综合利用水库；按水库供水方式，可分为固定供水调节和变动供水调节水库；按水库的作用，可分为反调节、补偿调节、水库群调节水库和跨流域引水调节水库等。补偿调节是指两个或两个以上水库联合工作，利用各库水文特性、调节性能及地理位置等条件的差别，在供水量、发电出力、泄洪量上相互协调补偿。通常，将其中调节性能高的、规模大的、任务单纯的水库作为补偿调节水库，而以调节性能差、用水部门多的水库作为被补偿水库（电站），考虑不同水文特性和库容进行补偿。一般是上游水库作为补偿调节水库补充放水，以满足下游电站或给水、灌溉引水的用水需要。反调节水库又称再调节水库，是指同一河段相邻较近的两个水库，下一级反调节水库在发电、航运、流量等方面利用上一级水库下泄的水流。

3.水量平衡原理

水量平衡是水量收支平衡的简称。对于水库而言，水量平衡原理是指任意时刻，水库（群）区域收入（或输入）的水量和支出（或输出）的水量之差，等于该时段内该区域储水量的变化。

4.水库的特征水位和特征库容

（1）水库的特征水位

正常蓄水位是指水库在正常运用情况下，为满足兴利要求在开始供水时应该蓄到的水位，又称正常水位、兴利水位，或设计蓄水位。它是决定水工建筑物的尺寸、投资、淹没、水电站出力等指标的重要依据。选择正常蓄水位时，要根据电力系统和其他部门的要求及水库淹没、坝址地形、地质、水工建筑物布置、施工条件、梯级影响、生态与环境保护等因素，拟定不同方案，通过技术经济论证及综合分析比较确定。

防洪限制水位是指水库在汛期允许兴利蓄水的上限水位，又称汛前限制水位。防洪限制水位也是水库在汛期防洪运用时的起调水位。选择防洪限制水位，要兼顾防洪和兴利的需要，并根据洪水及泥沙特性，研究对防洪、发电及其他部门和对水库淹没、泥沙冲淤及淤积部位、水库寿命、枢纽布置以及水轮机运行条件等方面的影响，通过对不同方案的技术经济比较，综合分析确定。

设计洪水位是指水库遇到大坝的设计洪水时，在坝前达到的最高水位。它是水库在正常运用情况下允许达到的最高洪水位，可采用相应于大坝设计标准的各种典型洪水，按拟定的调洪方式，自防洪限制水位开始进行调洪计算求得。

校核洪水位是指水库遇到大坝的校核洪水时，在坝前达到的最高水位。它是水库在非常运用情况下，允许临时达到的最高洪水位，可采用相应于大坝校核标准的各种典型洪水，按拟定的调洪方式，自防洪限制水位开始进行调洪计算求得。

防洪高水位是指水库遇下游保护对象的设计洪水时，在坝前达到的最高水位。当水库承担下游防洪任务时，需确定这一水位。防洪高水位可采用相应于下游防洪标准的各种典型洪水，按拟定的防洪调度方式，自防洪限制水位开始进行水库调洪计算求得。

死水位是指水库在正常运用情况下，允许消落到的最低水位。选择死水位，应比较不同方案的电力、电量效益和费用，并考虑灌溉、航运等部门对水位、流量的要求和泥沙冲淤、水轮机运行工况以及闸门制造技术对进水口高程的制约等条件，经综合分析比较确定。正常蓄水位到死水位间的水库深度称为消落深度或工作深度。

（2）水库的特征库容

最高水位以下的水库静库容，称为总库容，一般指校核洪水位以下的水库容积，它是表示水库工程规模的代表性指标，可作为划分水库等级、确定工程安全标准的重要依据。

防洪高水位至防洪限制水位之间的水库容积，称为防洪库容。它用以控制洪水，满足水库下游防护对象的防洪要求。

校核洪水位至防洪限制水位之间的水库容积，称为调洪库容。

正常蓄水位至死水位之间的水库容积，称为兴利库容或有效库容。

当防洪限制水位低于正常蓄水位时，正常蓄水位至防洪限制水位之间汛期用于蓄洪、非汛期用于兴利的水库容积，称为共用库容或重复利用库容。

死水位以下的水库容积，称为死库容。除特殊情况外，死库容不参与径流调节。

（二）水电站知识

1.坝式水电站

（1）河床式水电站

河床式水电站一般修建在河流中下游河道纵坡平缓的河段上，为避免大量淹没，坝建得较低，故水头较小。大中型河床式水电站水头一般为25m以下，范围在30~40m；中小型水电站水头一般为10m以下。河床式水电站的引用流量一般都较大，属于低水头大流量型水电站，其特点是：厂房与坝（或闸）一起建在河床上，厂房本身承受上游水压力，并成为挡水建筑物的一部分，一般不设专门的引水管道，水流直接从厂房上游进水口进入水轮机。我国湖北葛洲坝、浙江富春江、广西大化等水电站，均为河床式水电站。

（2）坝后式水电站

坝后式水电站一般修建在河流中上游的山区峡谷地段，受水库淹没限制相对较小，所以坝可建得较高，水头也较大，在坝的上游形成了可调节天然径流的水库，有利于发挥防洪、灌溉、航运及水产等综合效益，并给水电站运行创造了十分有利的条件。由于水头较高，厂房不能承受上游过大水压力而建在坝后。其特点是：水电站厂房布置在坝后，厂坝之间常用缝分开，上游水压力全部由坝承受。三峡水电站、福建水口水电站等，均属坝后式水电站。

坝后式水电站厂房的布置型式很多，当厂房布置在坝体内时，称为坝内式水电站；当厂房布置在溢流坝段之后时，通常称为溢流式水电站。当水电站的拦河坝为土坝或堆石坝等当地材料坝时，水电站厂房可采用河岸式布置。

2.引水式水电站

（1）无压引水式水电站

无压引水式水电站的主要特点是具有较长的无压引水水道，水电站引水建筑物中的水流是无压流。无压引水式水电站的主要建筑物有低坝、无压进水口、沉沙池、引水渠道（或无压隧洞）、日调节池、压力前池、溢水道、压力管道、厂房以及尾水渠等。

（2）有压引水式水电站

有压引水式水电站的主要特点是有较长的有压引水道，若有压隧洞或压力管道，则引水建筑物中的水流是有压流。有压引水式水电站的主要建筑物有拦河坝、有压进水口、有压引水隧洞、调压室、压力管道、厂房和尾水渠等。

3.混合式开发和混合式水电站

在一个河段上，同时采用筑坝和有压引水道共同集中落差的开发方式称为混合式开发。坝集中一部分落差后，再通过有压引水道集中坝后河段上另一部分落差，形成电站的总水头。用坝和引水道集中水头的水电站称为混合式水电站。

混合式水电站适用于上游有良好坝址，适宜建库，而紧邻水库的下游河道突然变陡或河流有较大转弯的情况。这种水电站同时兼有坝式水电站和引水式水电站的优点。

混合式水电站和引水式水电站之间没有明确的分界线。严格说来，混合式水电站的水头是由坝和引水建筑物共同形成的，且坝一般构成水库。而引水式水电站的水头，只由引水建筑物形成，坝只起抬高上游水位的作用。然而在工程实际中常将具有一定长度引水建筑物的混合式水电站统称为引水式水电站，而较少采用混合式水电站这个名称。

4.抽水蓄能电站

随着国民经济的迅速发展以及人民生活水平的不断提高，电力负荷和电网日益扩大，电力系统负荷的峰谷差越来越大。

在电力系统中，核电站和火电站不能适应电力系统负荷的急剧变化，且受到技术最小出力的限制，调峰能力有限，而且火电机组调峰煤耗多，运行维护费用高。而水电站启动与停机迅速，运行灵活，适宜担任调峰、调频和事故备用负荷。

抽水蓄能电站不是为了开发水能资源向系统提供电能，而是以水体为储能介质，起调节作用。抽水蓄能电站包括抽水蓄能和放水发电两个过程，它有上下两个水库，用引水建筑物相连，蓄能电站厂房建在下水库处。在系统负荷低谷时，利用系统多余的电能带动泵站机组（电动机＋水泵）将下库的水抽到上库，以水的势能形式储存起来；在系统负荷高峰时，将上库的水放下来推动水轮发电机组（水轮机＋发电机）发电，以补充系统中电能的不足。

随着电力行业的改革，实行负荷高峰高电价、负荷低谷低电价后，抽水蓄能电站的经济效益是显著的。抽水蓄能电站除了产生削峰填谷的静态效益外，还由于其特有的灵活性而产生动态效益，包括同步备用、调频、负荷调整、满足系统负荷急剧爬坡的需要、同步调相运行等。

二、泵站知识

（一）泵站的主要建筑物

1.进水建筑物

包括引水渠道、前池、进水池等。其主要作用是衔接水源地与泵房，其体型应有利于改善水泵进水流态，减少水力损失，为主泵创造良好的引水条件。

2.出水建筑物

有出水池和压力水箱两种主要形式。出水池是连接压力管道和灌排干渠的衔接建筑物，起消能稳流的作用。压力水箱是连接压力管道和压力涵管的衔接建筑物，起汇流排水的作用，这种结构形式适用于排水泵站。

3.泵房

安装水泵、动力机和辅助设备的建筑物，是泵站的主体工程，其主要作用是为主机组和运行人员提供良好的工作条件。泵房结构形式的确定，主要根据主机组结构性能、水源水位变幅、地基条件及枢纽布置，通过技术经济比较，择优选定。泵房结构形式较多，常用的有固定式和移动式两种。

（二）泵房的结构型式

1.固定式泵房

固定式泵房按基础型式的特点又可分为分基型、干室型、湿室型和块基型四种。

（1）分基型泵房

分基型泵房是指泵房基础与水泵机组基础分开建筑的泵房。这种泵房的地面高于进水池的最高水位，通风、采光和防潮条件都比较好，施工容易，是中小型泵站最常采用的结构型式。

分基型泵房适用于安装卧式机组，且水源的水位变化幅度小于水泵的有效吸程，以保证机组不被淹没的情况。要求水源岸边比较稳定，地质和水文条件都比较好。

（2）干室型泵房

干室型泵房是指泵房及其底部均用钢筋混凝土浇筑成封闭的整体，在泵房下部形成一个无水的地下室。这种结构型式比分基型复杂，造价高，但可以防止高水位时，水通过泵房四周和底部渗入。

干室型泵房无论是卧式机组还是立式机组都可以采用，其平面形状有矩形和圆形两种，其立面上的布置可以是一层的或者多层的，视需要而定。这种型式的泵房适用于以下场合：水源的水位变幅大于泵房的有效吸程；采用分基型泵房在技术和经济上不合理；地基承载能力较低和地下水位较高。在设计中要校核其整体稳定性和地基应力。

（3）湿室型泵房

湿室型泵房是指其下部有一个与前池相通并充满水的地下室的泵房。一般分两层，下层是湿室，上层安装水泵的动力机和配电设备，水泵的吸水管或者泵体淹没在湿室的水面以下。湿室可以起进水池的作用，湿室中的水体重量可平衡一部分地下水的浮托力，增强了泵房的稳定性。口径1m以下的立式或者卧式轴流泵及立式离心泵都可以采用湿室型泵房。这种泵房一般都建在软弱地基上，因此对其整体稳定性应予以足够的重视。

（4）块基型泵房

块基型泵房是指用钢筋混凝土把水泵的进水流道与泵房的底板浇成一块整体，并作为泵房的基础。安装立式机组的这种泵房立面上按照从高到低的顺序可分为电机层、连轴层、水泵层和进水流道层。

水泵层以上的空间相当于干室型泵房的干室，可安装主机组、电气设备、辅助设备和管道等；水泵层以下进水流道和排水廊道，相当于湿室型泵房的进水池，进水流道设计成钟形或者弯肘形，以改善水泵的进水条件。从结构上看，块基型泵房是干室型和湿室型泵房的发展。这种泵房结构的整体性好，自身的重量大、抗浮和抗滑稳定性较好，它适用于以下情况：口径大于1.2m的大型水泵；需要泵房直接抵挡外河水压力；适用于各种地基条件。根据水力设计和设备布置确定这种泵房的尺寸之后，还要校核其抗渗、抗滑以及地基承载能力，以便确保在各种外力作用下，泵房不产生滑动倾倒和过大的不均匀沉降。

2.移动式泵房

在水源的水位变化幅度较大，建固定式泵房投资大、工期长、施工困难的地方，应优先考虑建移动式泵房。移动式泵房具有较大的灵活性和适应性，没有复杂的水下建筑结构，但其运行管理比固定式泵房复杂。这种泵房可以分为泵船和泵车两种。

承载水泵机组及其控制设备的泵船可以用木材、钢材或钢丝网水泥制造。木制泵船的优点是一次性投资少、施工快，基本不受地域限制；缺点是强度低、易腐烂、防火效果差、使用期短、养护费高，且消耗木材多。钢船强度高，使用年限长，维护保养好的钢船使用寿命可达几十年，它没有木船的缺点；但建造费用较高，使用钢材较多。钢丝网水泥船具有强度高，耐久性好，节省钢材和木材，造船施工技术并不复杂，维修费用少，重心低，稳定性好，使用年限长等优点。

根据设备在船上的布置方式，泵船可以分为两种型式：将水泵机组安装在船甲板上面的上承式和将水泵机组安装在船舱底骨架上的下承式。泵船尺寸和船身形状根据最大排水量条件确定，设计方法和原则应按内河航运船舶的设计规定进行。

选择泵船的取水位置应注意以下几点：河面较宽，水足够深，水流较平稳；洪水期不会漫坡，枯水期不出现浅滩；河岸稳定，岸边有合适的坡度；在通航和放筏的河道中，泵船与主河道有足够的距离防止撞船；应避开大回流区，以免漂浮物聚集在进水口，影响取水；泵船附近有平坦的河岸，作为泵船检修的场地。

泵车是将水泵机组安装在河岸边轨道上的车子内，根据水位涨落，靠绞车沿轨道升降小车改变水泵的工作高程的提水装置。其优点是不受河道内水流的冲击和风浪运动的影响，稳定性较泵船好，缺点是受绞车工作容量的限制，泵车不能做得太大。其使用条件如下：水源的水位变化幅度为10~35m，涨落速度不大于2m/h；河岸比较稳定，岸坡地质条件较好，且有适宜的倾角，一般以10°~30°为宜；河流漂浮物少，没有浮冰，不易受漂木、浮筏、船只的撞击；河段顺直，靠近主流；单车流量在1m³/s以下。

（三）泵房的基础

1.基础的埋置深度

基础的底面应该设置在承载能力较大的老土层上，填土层太厚时，可通过打桩、换土等措施加强地基承载能力。基础的底面应该在冰冻线以下，以防止水的结冰和融化。在地下水位较高的地区，基础的底面要设在最低地下水位之下，以避免因地下水位的上升和下降而增加泵房的沉降量和引起不均匀沉陷。

2.基础的型式和结构

基础的型式和大小取决于其上部的荷载和地基的性质，需通过计算确定。泵房常用的基础有以下四种：

（1）砖基础

用于荷载不大、基础宽度较小、土质较好及地下水位较低的地基上，分基型泵房多采用这种基础。由墙和大方脚组成，一般砌成台阶形，由于埋在土中比较潮湿，需采用不低于75号的黏土砖和不低于50号的水泥砂浆砌筑。

（2）灰土基础

当基础宽度和埋深较大时，采用这种型式，以节省大方脚用砖。这种基础不宜做在地下水和潮湿的土中。由砖基础、大方脚和灰土垫层组成。

（3）混凝土基础

适合于地下水位较高，泵房荷载较大的情况。可以根据需要做成任何型式，其总高度小于0.35m时，截面常做成矩形；总高度在0.35~1.0m，做成踏步形；基础宽度大于2.0m，高度大于1.0m时，如果施工方便常做成梯形。

（4）钢筋混凝土基础

适用于泵房荷载较大，而地基承载力又较差和采用以上基础不经济的情况。由于这种基础底面有钢筋，抗拉强度较高，因此其高宽较前述基础小。

第四节　节水灌溉知识

一、节水灌溉的概念

节水农业是提高用水有效性的农业，是水、土、作物资源综合开发利用的系统工程。

衡量节水农业的标准是作物的产量及其品质，用水的利用率及其生产率。节水农业包括节水灌溉农业和旱地农业。节水灌溉农业是指合理开发利用水资源，可用工程技术、农业技术及管理技术达到提高农业用水效益的目的的农业生产。旱地农业是指降水偏少灌溉条件有限而从事的农业生产。节水农业是随着近年来节水观念的加强和具体实践而逐渐形成的。它包括三个方面的内容：一是农学范畴的节水，如调整农业结构、作物结构，改进作物布局，改善耕作制度（调整熟制、发展间套作等），改进耕作技术（整地、覆盖等），培育耐旱品种等；二是农业管理范畴的节水，包括管理措施、管理体制与机构、水价与水费政策、配水的控制与调节、节水措施的推广应用等；三是灌溉范畴的节水，包括灌溉工程的节水措施和节水灌溉技术，例如喷灌、滴灌等。

节水灌溉是根据作物需水量规律及当地供水条件，为了有效地利用降水和灌溉水，获取农业的最佳经济效益、社会效益、生态环境效益而采取的多种措施的总称。

节水灌溉，主要是对符合一定技术要求的灌溉而言。节省灌溉用水，首先要提高天然降水利用率，同时把可以用于农业生产的各种水源，如地表水、地下水、灌溉回归水、经过处理以后的污水以及土壤水等都充分、合理地利用起来。广义的节水灌溉包括了农业高效用水的许多措施，如雨水蓄集、土壤保墒、井渠结合、渠系水优化调配、农艺节水、用水管理等。

节水灌溉技术是节水农业的核心技术，是农业水利工程专业理论与实践紧密结合的专业学习领域之一，它是在总结国内外灌溉工程先进经验的基础上，调节农田水分状况和改善地区水情变化，科学合理地运用灌溉制度、灌水方法、灌溉工程措施和管理等，合理利用有限水资源，服务于农业生产和生态环境良性发展的一门综合性科学技术。

二、节水灌溉技术的主要内容

节水灌溉的最终目的是以最少的水量消耗获取尽可能多的农作物产量、最高的经济效益和生态环境效益。节水灌溉是一个完整的体系，由以下四部分组成。

（一）水源开发与优化利用技术

1.雨水集流技术

在我国北方干旱缺水的地区，采取各种措施把有限的降雨汇集存储起来，供农村饮水和农作物灌溉用。其主要做法有以下三种：

（1）水窖

选择有一定产流能力的坡面、路面、屋顶，或经过夯实防渗处理的地方作为雨水汇集区，将雨水引入位置较低的水窖内储存。单个水窖蓄水量一般应为30~50m³。

（2）蓄水池

在渠旁、村庄附近选择有可能汇集降雨径流或调蓄山泉、溪水的天然洼地或人工挖成蓄水池，实行蓄引结合，长蓄短用；还可以用渠道将各蓄水池连起来形成"长藤结瓜"式的系统。蓄水池容积从几百立方米到几千立方米不等。为减少渗漏，池底及池壁应进行防渗处理。

（3）塘坝

在有较大汇水面积的洼地、溪谷筑坝拦蓄水。在我国南方一般称这种蓄水能力在10万m³以下的微型水库为"塘坝"。因蓄水量较大，塘坝的拦水坝、取水及排洪建筑物等应参照小型水库的技术要求进行正规设计和施工。

2.劣质水利用技术

在水源十分紧缺的地区，对一些劣质水源，例如微咸水、污水等，在搞清楚水质的基础上，可根据土壤积盐状况以及农作物不同生育期耐盐能力，直接利用微咸水进行灌溉，或者咸淡水掺混后使用。利用微咸水灌溉时，特别要注意掌握灌水时间、灌水量、灌水次数，同时与耕作栽培技术措施密切配合，防止土壤盐碱化。城市或工矿企业排放的废水含有各种重金属元素、有害无机物或有机化合物、病原生物等，必须经过严格净化处理达到灌溉水质标准后，才能用于灌溉非直接食用的农作物。污水处理需要专门的技术与设施。我国有些地区直接引用污水进行灌溉，或处理后的污水未达到标准就用来灌溉蔬菜等食用作物，不仅引起农业环境的污染，而且危害人体健康，应当引起重视。

3.灌溉回归水利用技术

将一些灌区渠系和田间产生的渗漏水、退水、跑水收集起来作为下游地区的灌溉水源。使用回归水之前，要化验确认其水质是否符合灌溉水质标准。

4.井渠结合——地表水、地下水互补技术

有些自流灌区在干旱季节地表来水少，轮灌周期长，供水不足，可采用井渠结合，打一部分机电井，提取地下水补充地表水的不足。而抽取地下水以后，地下水位降低，又能起到"腾空"地下库容，增加雨季降水及灌溉水入渗补给地下水的作用。地表水、地下水两者互为补充，提高了水资源的有效利用率。

5.储水灌溉技术

把河流冬季多余的闲水引到田间灌溉，存储到土层中，供春季作物吸收利用，以缓解春季河流来水不足与供水紧张的矛盾。南方地区也可将冬季的雨水、灌溉水存蓄于水田中，称为冬水田，以供次年春耕用。

（二）节水灌溉工程技术

1.喷灌技术

喷灌是把由水泵加压或自然落差形成的有压水通过压力管道送到田间，再经喷头喷射到空中，形成细小水滴，均匀地洒落在农田，达到灌溉的目的。喷灌几乎适用于除水稻外的所有大田作物，以及蔬菜、果树等。它对地形、土壤等条件适应性强。但在多风的情况下，会出现喷洒不均匀、蒸发损失增大的问题。与地面灌溉相比，大田作物喷灌一般可省水30%~50%，增产10%~30%。最大优点是使农田灌溉从传统的人工作业变成半机械化、机械化，甚至自动化作业，加快了农业现代化的进程。

2.微灌技术

微灌是通过管理系统与安装在地面管道上的灌水器，如滴头或微喷头等，将有压水按作物实际耗水量适时、适量、准确地补充到作物根部附近土壤。它的特点是可以把灌溉水在输送过程中，以及到了田间以后的深层渗漏和蒸发损失减少到最低限度，使传统的"浇地"变为"浇作物"。由于它只向作物根区土壤供水，故也称其为局部灌溉。微灌可分为微喷灌、滴灌等。微灌是用水效率最高的节水技术。它的另一特点是可以把作物所需养分掺混在灌溉水中。在灌水的同时进行施肥，既减少用工又提高肥效，促使作物增产。以色列、美国等国家的微灌技术达到了很高的水平，基本实现了灌溉过程自动化，但是造价昂贵，因此，主要用于大棚和温室的蔬菜、花卉以及果树等高产值经济作物的灌溉。我国在学习、引进、消化吸收国外先进技术的基础上，初步形成了自己的微灌产品生产能力。

3.渠道防渗技术

我国各类灌区渠道总长度达数百万公里，大多数为土渠，水的渗漏损失很大。为了减少输水过程中的这部分损失，采用建立不易透水的防护层，例如混凝土护面、浆砌石衬砌、塑料薄膜防渗等多种方法，进行防渗处理，既减少了水的渗漏损失，又加快了输水速度，提高了浇地效率，深受群众欢迎，成为我国目前应用最广泛的节水技术之一。与土渠相比，混凝土护面可减少渗漏损失80%~90%，浆砌石衬砌可减少渗漏损失60%~70%，塑料薄膜防渗可减少渗漏损失在90%以上。

4.低压管道输水技术

用塑料或混凝土等管道输水代替土渠输水，可大大减少输水过程中的渗漏和蒸发损失，水的利用率可达95%。另外，还可减少渠道占地，提高输水速度，加快浇地进度。由于缩短了轮灌周期，有利于控制灌水量，因而也有一定的增产效果。管道输水系统通常由地下管道和地面移动管道（闸管）组成。若不考虑将来发展喷灌的要求，通常采用低压管材。井灌区利用井泵余压可以解决输水所需压力问题，我国北方井灌区低压管道输水技术推广较快。大型自流灌区如何以管道代替土渠输水，尚有若干技术问题有待研究解决。

5.膜上灌水技术

膜上灌水，俗称膜上灌，是在地膜覆盖栽培的基础上，把过去的地膜旁侧灌水改为膜上流水，水沿放苗孔和地膜旁侧渗水或通过膜上的渗水孔，对作物进行灌水。通过调整膜畦首尾的渗水孔数及孔的大小，来调整沟畦首尾的灌水量，可得到较常规地面灌水方法相对高的灌水均匀度。膜上灌投资少，操作简便，便于控制灌水量，加快输水速度，可减少土壤的深层渗漏和蒸发损失，因此，可以显著提高水的利用率。这种技术在新疆已大面积推广，与常规的玉米、棉花沟灌相比，省水40%~60%，并有明显增产效果。

6.抗旱点浇技术

在我国东北和西南部分地区，一般年份降雨基本可以满足作物生长对水分的需要。但在春季播种期常遇干旱出苗率低而减产的情况。为解决播种期土壤墒情不足的问题，群众在实践中创造了抗旱点浇（俗称"坐水种"）的方法，即在土穴内浇少量水，下种、覆土。过去多靠人力作业，近年来，已在很多地方向半机械化、机械化发展，将开沟、注水、播种、施肥、覆土等多道工序一次完成，大大提高了效率。

7.沟畦灌水技术

渠道防渗和低压管道输水两项技术只解决减少输水损失问题，田间灌水过程中还有很大节水潜力。沟畦灌水已有漫长的历史，在当代科技发展日新月异的新形势下，一些新技术与之结合，使其重新焕发出生命力。例如，国外采用激光扫描仪控制平地机刀铲的吃土深度，可使地面高低差别控制在1cm以内。另外缩短灌水沟沟长、采用涌流间歇灌水等都可以使田间灌水有效利用率大幅度提高。这些先进技术在我国正在研究试验。目前生产上普遍推广的沟畦灌水技术是以人力为主，在精细平整土地的基础上大畦改小畦，长沟改短沟，使沟畦规格合理化，可使灌水定额减少20%~25%，这种技术充分发挥了我国劳动力资源丰富的优势，花钱少，技术简单易行。

8.土壤墒情监测与灌水预报技术

用先进的科学技术手段，如张力计、中子仪、电阻法等监测土壤墒情，数据经分析处理后配合天气预报，预报适宜灌水时间、灌水量，做到适时适量灌溉，有效地控制土壤水分含量，达到既节水又增产的目的。这种技术要与其他节水技术措施配套使用。

9.灌区输配水系统水的量测与自动监控技术

真正实现优化配水、合理调度、高效用水，还必须及时准确地掌握灌区水情，如水库、河流、渠道的水位、流量、含沙量乃至抽水灌区的水泵运行情况等技术参数，对几十万亩、几百万亩的大型灌区尤其必要。这是实施节水灌溉的基础技术工作。高标准的节水灌溉工程会在数据采集、数据计算机处理的基础上实现自动监测控制。

（三）农业耕作栽培节水技术

1. 耕作保墒技术

采用深耕松土、疏松保墒、中耕除草、增施有机肥、改良土壤结构等耕作方法，可以疏松土壤，增大活土层，增强雨水入渗速度和入渗量，减少降雨径流流失，切断毛细管，减少土壤水分蒸发，既可提高天然降水的蓄集能力，又可减少土壤水分蒸发，保持土壤墒情，是一项行之有效的节水技术措施。

2. 覆盖保墒技术

在耕地表面覆盖地膜、秸秆等材料可以抑制土壤水分蒸发，减少降雨地表径流，起到蓄水保墒、提高水的利用率、促使作物增产的效果。这种技术除了保墒外，还有提高地温、培肥地力、改善土壤物理性状的作用。覆盖的材料可以就地取材，例如，用作物的残茬、秸秆、草肥等覆盖，甘肃等地也有用沙石覆盖的，叫作"沙田"。随着近代高分子材料工业的发展，塑料薄膜覆盖保墒栽培技术已广泛应用，成为保墒增产效果非常显著的新技术。还有施用特制的高分子化学物质，如合成酸渣制剂等，在土壤表面形成一层覆盖膜，起到既阻隔土壤水分蒸发，又不影响降水入渗土壤的效果。

3. 施用化学制剂节水

施用化学制剂可以提高土壤保水能力，减少作物蒸腾损失。例如，喷施黄腐酸（抗旱剂1号）可以抑制作物叶片气孔开张度，使蒸腾减弱。又如，由具有强吸水性能的高分子材料制成的土壤保水剂，能使土壤在降水或灌溉后吸收相当自身重量数百倍、上千倍的水分，膨胀形成水分不易离析的凝结，在土壤干旱时将所含水分慢慢释放出来供作物吸收利用，以后遇降水或灌水还可再吸水膨胀，重复发挥作用。

（四）节水管理技术

用科学方法进行用水管理也可挖掘很大的节水潜力。其只有在重视工程节水技术、耕作栽培节水技术的同时，重视和加强节水管理，才能收到事半功倍的效果。

第一，改进和完善灌溉制度，用节水型的灌溉制度指导灌水。如广西、江苏等省（自治区）推广的水稻"浅、湿、薄、晒"灌水技术，为水稻生长创造良好的水、肥、气、热环境，既节水又促进增产，比常规灌溉省水10%~20%，节水1500m/hm^{2}以上，增产5%~10%。

第二，制定适合不同地区自然和社会经济条件的农业节水技术政策，使干部和广大群众都明确在一定条件下应当优先采用哪些技术。

第三，制定和完善有利于节水的政策、法规。例如，确定合理水价，促使人们珍惜水、节约用水；制定鼓励和奖励政策，使为节水付出的代价得到合理补偿，奖励对节水做出贡献的单位和个人。

第四，建立健全节水管理组织和节水技术推广服务体系，完善节水管理规章制度，把节水管理责任落实到每项工程、每个干部职工、每个农民。总结交流推广先进经验，举办不同层次的节水技术培训班，普及节水科技知识，加强节水宣传，使节水观念深入人心，成为人们的共识和自觉行动。特别要重视对农民的培训教育，农民是直接用水者，应通过各种形式让农民参与灌溉用水管理，使其在节水灌溉工作中发挥更大的作用。

三、本学习领域的主要内容和特点

（一）农田灌溉用水量分析

以农田水分状况和灌溉用水量为研究对象，其主要介绍农田水分状况分析方法、农作物需水量计算过程、制定作物灌溉制度方法、农田灌溉用水量计算等内容。

（二）渠道灌溉工程

以传统地面灌溉和节水型地面灌溉为研究对象，主要包括灌溉水源及取引水工程规划设计、灌溉渠道系统规划布置、渠系建筑物规划布置、田间工程规划布置、渠道防渗及防冻胀工程设计、渠道工程施工技术以及管理等。

（三）井灌工程

以井灌区的节水灌溉为研究对象，主要包括单井设计、井灌区规划设计、井灌工程施工技术及管理等。

（四）低压管道输水灌溉工程

以管道在输配水过程中的节水节能为研究对象，主要包括低压管道输水系统的组成与分类认知、低压管道输水系统的主要设备认知、低压管道输水灌溉工程规划设计、低压管道输水灌溉工程施工技术及管理等。

（五）喷灌工程

以喷灌设备、工程设计及施工为研究对象，主要包括喷灌系统的组成与分类认知、喷灌的主要设备及性能参数认知、管道式喷灌系统规划、机组式喷灌系统规划、喷灌工程施工技术及管理等。

（六）微灌工程

以微灌设备、工程设计及施工为研究对象，主要包括微灌系统组成及分类认知、微灌技术产品分类及性能参数认知、微灌系统辅助设施规划设计、膜下滴灌系统的规划设计、地下滴灌系统的规划设计、滴灌系统防堵设计、滴灌工程施工技术以及管理等。

第二章　水利工程施工组织组成与规划

第一节　水利工程施工组织

一、施工项目管理

（一）建立施工项目管理组织

第一，由企业采用适当的方式选聘称职的施工项目经理。

第二，根据施工项目组织原则，选用适当的组织形式，组建施工项目管理机构，明确责任、权利和义务。

第三，在遵守企业规章制度的前提下，根据施工项目管理的需要，制定施工项目管理制度。

项目经理作为企业法人代表的代理人，对工程项目施工全面负责，一般不准兼管其他工程，当其负责管理的施工项目临近竣工阶段且经建设单位同意时，可以兼任另一项工程的项目管理工作。项目经理通常由企业法人代表委派或组织招聘等方式确定。项目经理与企业法人代表之间需要签订工程承包管理合同，明确工程的工期、质量、成本、利润等指标要求和双方的责、权、利以及合同中止处理、违约处罚等多项内容。

项目经理以及各有关业务人员组成、人数，根据工程规模大小而定。各成员由项目经理聘任或推荐确定，其中技术、经济、财务主要负责人须经企业法人代表或其授权部门同意。项目领导班子成员除了直接受项目经理领导，实施项目管理方案外，还要按照企业规章制度接受企业主管职能部门的业务监督和指导。

项目经理应有一定的职责，如贯彻执行国家和地方的法律、法规；严格遵守财经制度、加强成本核算；签订和履行"项目管理目标责任书"；对工程项目施工进行有效控制等。项目经理应有一定的权力，如参与投标和签订施工合同；用人决策权；财务决策权；进度计划控制权；技术质量决定权；物资采购管理权；现场管理协调权等。项目经理还应获得一定的利益，如物质奖励及表彰等。

（二）项目经理的地位

第一，从企业内部看，项目经理是施工项目实施过程中所有工作的总负责人，是项目管理的第一责任人。从对外方面来看，项目经理代表企业法定代表人在授权范围内对建设单位直接负责。由此可见，项目经理既要对有关建设单位的成果性目标负责，又要对建筑业企业的效益性目标负责。

第二，项目经理是协调各方面关系，使之相互紧密协作与配合的桥梁与纽带。要承担合同责任、履行合同义务、执行合同条款、处理合同纠纷，受法律的约束和保护。

第三，项目经理是各种信息的集散中心。通过各种方式和渠道收集有关信息，并运用这些信息，达到控制的目的，使项目获得成功。

第四，项目经理是施工项目责、权、利的主体。这是因为项目经理是项目中人、财、物、技术、信息和管理等所有生产要素的管理人。项目经理首先是项目的责任主体，是实现项目目标的最高责任者。责任是实现项目经理责任制的核心，它构成了项目经理工作的压力，也是确定项目经理权力和利益的依据。其次，项目经理必须是项目的权力主体。权力是确保项目经理能够承担起责任的条件和手段。如果不具备必要的权力，项目经理就无法对工作负责。项目经理还必须是项目利益的主体。利益是项目经理工作的动力。如果没有一定的利益，项目经理就不愿负相应的责任，难以处理好国家、企业和职工的利益关系。

（三）项目经理的任职要求

项目经理的任职要求包括执业资格的要求、知识方面的要求、能力方面的要求和素质方面的要求。

1.执业资格的要求

根据建设部《建筑施工企业项目经理资质管理办法》的规定，项目经理实行持证上岗制度。项目经理必须经过有关部门组织培训、考核和注册，获得《全国建筑施工企业项目经理培训合格证》或《建筑施工企业项目经理资质证书》。

项目经理的资质分为一、二、三、四级。

第一，一级项目经理应担任过一个一级建筑施工企业资质标准要求的工程项目，或两个二级建筑施工企业资质标准要求的工程项目施工管理工作的主要负责人，并已取得国家认可的高级或者中级专业技术职称。

第二，二级项目经理应担任过两个工程项目，其中至少一个为二级建筑施工企业资质标准要求的工程项目施工管理工作的主要负责人，并已取得国家认可的中级或初级专业技术职称。

第三，三级项目经理应担任过两个工程项目，其中至少一个为三级建筑施工企业资质标准要求的工程项目施工管理工作的主要负责人，并已取得国家认可的中级或初级专业技术职称。

第四，四级项目经理应担任过两个工程项目，其中至少一个为四级建筑施工企业资质标准要求的工程项目施工管理工作的主要负责人，并已取得国家认可的初级专业技术职称。

项目经理承担的工程规模应符合相应的项目经理资质等级。一级项目经理可承担一级资质建筑施工企业营业范围内的工程项目管理；二级项目经理可承担二级资质以下（含二级）建筑施工企业营业范围内的工程项目管理；三级项目经理可承担三级资质以下（含三级）建筑企业营业范围内的工程项目管理；四级项目经理可承担四级资质建筑施工企业营业范围内的工程项目管理。

项目经理每两年接受一次项目资质管理部门的复查。项目经理达到上一个资质等级条件的，可随时提出升级的要求。

2.知识方面的要求

通常项目经理应接受过大专、中专以上相关专业的教育，必须具备专业知识，如土木工程专业或其他专业工程方面的专业，一般应是某个专业工程方面的专家，否则很难被人们接受或开展工作。项目经理还应受过项目管理方面的专门培训或再教育，掌握项目管理的知识。项目经理需要广博的知识，迅速解决工程项目实施过程中遇到的各种问题。

3.能力方面的要求

项目经理应具备以下几方面的能力：

第一，必须具有一定的施工实践经历和按规定经过一段时间锻炼，特别是对同类项目有成功的经历。对项目工作有成熟的判断能力、思维能力和随机应变的能力。

第二，具有很强的沟通能力、激励能力和处理人事关系的能力，项目经理要靠领导艺术、影响力和说服力而不是靠权力和命令行事。

第三，有较强的组织管理能力和协调能力。能协调好各方面的关系，能处理好与业主的关系。

第四，有较强的语言表达能力，有谈判技巧。

第五，在工作中能发现问题，提出问题，能够从容地处理紧急情况。

4.素质方面的要求

第一，项目经理应注重工程项目对社会的贡献和历史作用。在工作中能注重社会公德，保证社会的利益，严守法律和规章制度。

第二，项目经理必须具有良好的职业道德，将用户的利益放在第一位，不谋私利，还必须有工作的积极性、热情和敬业精神。

第三，具有创新精神和务实的态度，勇于挑战，勇于决策，勇于承担责任和风险。

第四，敢于承担责任，特别是有敢于承担错误的勇气，言行一致，正直，办事公正、公平，实事求是。

第五，能承担艰苦的工作，任劳任怨，忠于职守。

第六，具有合作的精神，能与他人共事，具有较强的自我控制能力。

（四）项目经理的责、权、利

1.项目经理的职责

第一，贯彻执行国家和地方政府的法律制度，维护企业的整体利益和经济利益。遵守法规和政策，执行建筑业企业的各项管理制度。

第二，严格遵守财经制度，加强成本核算，积极组织工程款回收，正确处理国家、企业和项目及单位个人的利益关系。

第三，签订和组织履行"项目管理目标责任书"，执行企业与业主签订的"项目承包合同"中由项目经理负责履行的各项条款。

第四，对工程项目施工进行有效控制，执行有关技术规范和标准，积极推广应用新技术、新工艺、新材料和项目管理软件集成系统，确保工程质量和工期，实现安全、文明生产，努力提高经济效益。

第五，组织编制施工管理规划及目标实施措施，组织编制施工组织设计并实施。

第六，根据项目总工期的要求编制年度进度计划，组织编制施工季（月）度计划，包括劳动力、材料、构件及机械设备的使用计划，签订分包及租赁合同并严格执行。

第七，组织制定项目经理部各类管理人员的职责和权限、各项管理制度，并认真贯彻执行。

第八，科学地组织施工和加强各项管理工作。做好内外各种关系的协调，为施工创造优越的施工条件。

第九，做好工程竣工结算，资料整理归档，接受企业审计并做好项目经理部解体与善后工作。

2.项目经理的权力

为了保证项目经理完成所担负的任务，必须授予其相应的权力。项目经理应当有以下权力：

项目经理的权力通常来源于其在项目组织结构中的职位和职责，以及由项目发起人或上级管理层所授予的特定权力。以下是项目经理通常拥有的一些权力：

资源分配：项目经理有权决定项目资源的分配，包括人力、物资、设备和财务资源。

团队领导：项目经理负责组建和管理项目团队，包括招聘团队成员、分配任务和监督工作进展。

决策制定：项目经理在项目规划和执行过程中拥有决策权，特别是在遇到问题和变更时。

风险管理：项目经理负责识别、评估和应对项目风险，制订相应的风险管理计划。

质量控制：项目经理确保项目成果符合预定的质量标准，拥有对质量问题的最终裁决权。

进度管理：项目经理控制项目的时间表和里程碑，有权调整项目计划以适应变化。

沟通协调：项目经理是项目的主要沟通协调者，负责与所有项目干系人进行沟通。

合同管理：项目经理可能负责监督合同条款的履行，包括与供应商和承包商的合同事宜。

财务控制：项目经理有权监控和管理项目预算，确保项目在财务上的可行性。

变更管理：项目经理负责处理项目范围的变更请求，评估变更对项目的影响，并做出相应决策。

最终审批：在某些情况下，项目经理有权对项目成果进行最终审批，决定是否满足交付条件。

代表组织：项目经理可能被授权代表组织与外部干系人进行谈判和签订协议。

项目经理的权力范围和大小取决于项目的性质、组织结构、管理层的授权程度以及项目管理模式。有效的项目管理还需要项目经理具备良好的领导能力、沟通技巧和专业技能。

3.项目经理的利益

项目经理最终的利益是其行使权力和承担责任的结果，也是市场经济条件下责、权、利、效相互统一的具体体现。项目经理应享有以下利益：

第一，获得基本工资、岗位工资和绩效工资。

第二，在全面完成"项目管理目标责任书"确定的各项责任目标，交工结算后，接受企业考核和审计，除获得规定的物质奖励外，还可获得表彰、记功、优秀项目经理等荣誉称号和其他精神奖励。

第三，经考核和审计，未完成"项目管理目标责任书"确定的责任目标或造成亏损的，按有关条款承担责任，并接受经济或行政处罚。

项目经理责任制是指以项目经理为主体的施工项目管理目标责任制度，用以确保项目履约，以及确立项目经理部与企业、职工三者之间的责、权、利关系。项目经理开始工作之前由建筑业企业法人或其授权人与项目经理协商、编制"项目管理目标责任书"，双方签字后生效。

项目经理责任制是以施工项目为对象，以项目经理全面负责为前提，以"项目管理目标责任书"为依据，以创优质工程为目标，以求得项目的最佳经济效益为目的，实行的一次性、全过程的管理。

（五）项目经理责任制的特点

1.对象终一性

以工程施工项目为对象，实行施工全过程的全面一次性负责。

2.主体直接性

在项目经理负责的前提下，实行全员管理、指标考核、标价分离、项目核算，确保上缴集约增效、超额奖励的复合型指标责任制。

3.内容全面性

根据先进、合理、可行的原则，以保证工程质量、缩短工期、降低成本、保证安全和文明施工等各项指标为内容的全过程的目标责任制。

4.责任风险性

项目经理责任制充分体现了"指标突出、责任明确、利益直接、考核严格"的基本要求。

（六）项目经理责任制的原则和条件

1.项目经理责任制的原则

实行项目经理责任制有以下原则：

（1）实事求是

实事求是的原则就是从实际出发，做到具有先进性、合理性、可行性。不同的工程和不同的施工条件，其承担的技术经济指标不同，不同职称的人员实行不同的岗位责任，不追求形式。

（2）兼顾企业、责任者、职工三者的利益

企业的利益放在首位，维护责任者和职工个人的正当利益，避免人为的分配不公，切实贯彻按劳分配、多劳多得的原则。

（3）责、权、利、效统一

尽到责任是项目经理责任制的目标，以"责"授"权"，以"权"保"责"，以"利"激励尽"责"。"效"是经济效益和社会效益，是考核尽"责"水平的尺度。

（4）重在管理

项目经理责任制必须强调管理的重要性。因为承担责任是手段，效益是目的，管理是动力。没有强有力的管理，"效益"不易实现。

2.项目经理责任制的条件

实施项目经理责任制应具备下列条件：

第一，工程任务落实，开工手续齐全，有切实可行的施工组织设计。

第二，各种工程技术资料齐全，劳动力及施工设施已配备，主要原材料已落实并能按计划提供。

第三，有一个懂技术、会管理、敢负责的由人才组成的精干、得力、高效的项目管理班子。

第四，赋予项目经理足够的权力，并明确其利益。

第五，企业的管理层与劳务作业层分开。

（七）项目管理目标责任书

在项目经理开始工作之前，由建筑业企业法定代表人或其授权人与项目经理协商，制定"项目管理目标责任书"，双方签字后生效。

1.编制项目管理目标责任书的依据

第一，项目的合同文件。

第二，企业的项目管理制度。

第三，项目管理规划大纲。

第四，建筑业企业的经营方针和目标。

2.项目管理目标责任书的内容

第一，项目的进度、质量、成本、职业健康安全与环境目标。

第二，企业管理层与项目经理部之间的责任、权力和利益分配。

第三，项目需用的人力、材料、机械设备和其他资源的供应方式。

第四，法定代表人向项目经理委托的特殊事项。

第五，项目经理部应承担的风险。

第六，企业管理层对项目经理部进行奖惩的依据、标准和方法。

第七，项目经理解职和项目经理部解体的条件及办法。

二、建设项目管理模式

（一）工程建设指挥部模式

1.工程建设指挥部缺乏明确的经济责任

工程建设指挥部不是独立的经济实体，缺乏明确的经济责任。政府对工程建设指挥部没有严格、科学的经济约束，指挥部拥有投资建设管理权，却对投资的使用和回收不承担任何责任。也就是说，作为管理决策者，却不承担决策风险。

2.管理水平低，投资效益难以保证

工程建设指挥部中的专业管理人员是从本行业相关单位抽调并临时组成的团队，应有的专业人员素质难以保障。而当他们在工程建设过程中积累了一定经验之后，又随着工程项目的建成而转入其他工程岗位。以后即使是再建设新项目，也要重新组建工程建设指挥部，导致工程建设的管理水平难以提高。

3.忽视了管理的规划和决策职能

工程建设指挥部采用行政管理手段，甚至采用军事作战的方式来管理工程建设，而不善于利用经济的方式和手段。它着重于工程的实现，而忽视了工程建设投资、进度、质量三大目标之间的对立统一关系。它努力追求工程建设的进度目标，却往往不顾投资效益和对工程质量的影响。

这种传统的建设项目管理模式的先天不足，使得我国工程建设的管理水平和投资效益长期得不到提高，建设投资和质量目标的失控现象也在许多工程中存在。随着我国社会主义市场经济体制的建立和完善，这种管理模式将逐步为项目法人责任制所替代。

（二）传统管理模式

传统管理模式又称为通用管理模式。该管理模式下，业主通过竞争性招标将工程施工的任务发包或委托给报价合理和最具有履约能力的承包商或工程咨询、工程监理单位，并且业主与承包商、工程师签订专业合同。承包商还可以与分包商签订分包合同。

涉及材料设备采购的，承包商还可以与供应商签订材料设备采购合同。

这种模式形成于19世纪，目前仍然是国际最为通用的模式，世界银行贷款、亚洲开发银行贷款项目和采用国际咨询工程师联合会（FIDIC）的合同条件的项目均采用这种模式。

传统管理模式的优点是：由于应用广泛，因而管理方法成熟，各方对有关程序比较熟悉；可自由选择设计人员，对设计进行完全控制；标准化的合同关系；可自由选择咨询人员；采用竞争性投标。

传统管理模式的缺点是：项目周期长，业主的管理费用较高；索赔和变更的费用较高；在明确整个项目的成本之前投入较大。此外，由于承包商无法参与设计阶段的工作，设计的"可施工性"较差，当出现重大的工程变更时，往往会降低施工的效率，甚至造成工期延误等。

（三）建筑工程管理模式（CM 模式）

1.设计深度到位

由于承包商在项目初期（设计阶段）就任命了项目经理，项目经理可以在此阶段充分发挥自己的施工经验和管理技能，协同设计班子的其他专业人员一起做好设计，提高设计质量，为此，其设计的"可施工性"较好，有利于提高施工效率。

2.缩短建设周期

设计和施工可以平行作业，并且设计未结束便开始招标投标，使设计施工等环节得到合理搭接，可以节省时间，缩短工期，可提前运营，提高投资效益。

（四）设计—采购—建造（EPC）交钥匙模式

EPC模式是从设计开始，经过招标，委托一家工程公司对"设计—采购—建造"进行总承包，采用固定总价或可调总价合同方式。

EPC模式的优点是：有利于实现设计、采购、施工各阶段的合理交叉和融合，提高效率，降低成本，节约资金和时间。

EPC模式的缺点是：承包商要承担大部分风险，为减少双方风险，一般均在基础工程设计完成、主要技术和主要设备均已确定的情况下进行承包。

（五）BOT模式

BOT模式即建造—运营—移交模式，它是指东道国政府开放本国基础设施建设和运营市场，吸收国外资金、本国私人或公司资金，授给项目公司特许权，由该公司负责融资和组织建设，建成后负责运营及偿还贷款。在特许期满时将工程移交给东道国政府。

BOT模式作为一种私人融资方式，其优点是：可以开辟新的公共项目资金渠道，弥补政府资金的不足，吸收更多投资者；减轻政府财政负担和国际债务，优化项目，降低成本；减少政府管理项目的负担；扩大地方政府的资金来源，引进外国的先进技术和管理，转移风险。

BOT模式的缺点是：建造的规模比较大，技术难题多，时间长，投资高。东道国政府承担的风险大，较难确定回报率及政府应给予的支持程度，政府对项目的监督、控制难以保证。

三、水利工程建设程序

水利工程的建设周期长，施工场面布置复杂，投资金额巨大，对国民经济的影响不容忽视。因此，工程建设必须遵守合理的建设程序，才能顺利地按时完成工程建设任务，并且节省投资。

在计划经济时代，水利工程建设一直沿用自建自营模式。在国家总体计划安排下，建设任务由上级主管单位下达，建设资金由国家拨款。建设单位一般是上级主管单位、已建水电站、施工单位和其他相关部门抽调的工程技术人员和工程管理人员临时组建的工程筹备处或工程建设指挥部。在条块分割的计划经济体制下，工程建设指挥部除了负责工程建设外，还要平衡和协调各相关单位的关系和利益。工程建成后，工程建设指挥部解散。其中一部分人员转变为水电站运行管理人员，其余人员重新回到原单位。这种体制形成于中华人民共和国成立初期。那时候国家经济实力薄弱，建筑材料匮乏，技术人员稀缺。集中财力、物力、人力于国家重点工程，对于中华人民共和国成立后的经济恢复和繁荣起到了重要作用。随着国民经济的发展和经济体制的转型，原有的这种建设管理模式已经不能适应国民经济的迅速发展，甚至严重地阻碍了国民经济的健康发展。

项目法人的主要职责是：负责组建项目法人在现场的管理机构；负责落实工程建设计划和资金并进行管理、检查和监督；负责协调与项目相关的对外关系。工程项目实行招标投标，将建设单位和设计、施工企业推向市场，达到公平交易、平等竞争。通过优胜劣汰，优化社会资源，提高工程质量，节省工程投资。建设监理制度是借鉴国际通行的工程管理模式。监理为业主提供费用控制、质量控制、合同管理、信息管理、组织协调等服务。在业主授权下，监理对工程参与者进行监督、指导、协调，使工程在法律、法规和合同的框架内进行。

水利工程建设程序一般分为项目建议书、可行性研究、初步设计、施工准备（包括投标设计）、建设实施、生产准备、竣工验收、项目后评价等阶段。根据国民经济总体要求，项目建议书在流域规划的基础上，提出工程开发的目标和任务，论证工程开发的必要性。可行性研究阶段，对工程进行全面勘测、设计，进行多方案比较，提出工程投资估算，对工程项目在技术上是否可行和经济上是否合理进行科学的论证和分析，提出可行性研究报告。项目评估由上级组织的专家组进行，全面评估项目的可行性和合理性。项目立项后，按顺序进行初步设计、技术设计（招标设计）和技施设计（施工图设计），并进行主体工程的实施。工程建成后经过试运行期，即可投产运行。

第二节　水利工程组成与规划

一、防洪治河工程

（一）河流系统组成及特征

由于环境因素影响，河流系统是一个自然结构、生态环境和经济社会相互耦合的开放系统，由于水体的流动性、系统与外界不断进行物质和能量的交换以及信息的传递，同时通过系统内各组成部分之间的协同作用完成系统的自我组织、自我协调。河流从河源至河口构成一个完整的河流系统，它由许多部分构成，各组成部分间通过水流、生物活动等形成了河流系统的复杂结构。河流系统的组成部分既包括物质的，如河岸带、河床、水体、生物群落、建筑物等；也包括非物质的，如历史、文化。其中，河岸带、河床、水体构成了河流系统的自然结构；生物群落构成了河流系统的生态结构；历史和文化构成了河流系统的文化结构；建筑物构成了河流系统的调节工程。可见，河流系统主要包括自然结构、生态结构、文化结构、调节工程。河流水文循环是河流的时序特征，河流的流速、流量的季节性变化与河流两岸居民、河流两岸工农业生产及河流生物的季节变化节律相匹配，河流水文特征人为改变后的状态和依靠河流而生的生态系统节律不相匹配，会直接导致城市生态系统的变化，最明显的例子是河流上游水库的兴建，使得河水温度变幅变小，河流流量均化。

（二）河床演变及河道整治

受自然界外力因素影响，河流每时每刻都处在发展变化过程之中。在河道上修建各类工程之后，受到建筑物的干扰，河床变化将人为加剧，由于山区河流的发展演变过程十分缓慢，因此，通常所说的河流演变，一般是指近代冲积性平原河流的河床演变。河流是水流与河床相互作用的产物。水流与河床，二者相互制约，互为因果。水流作用于河床，使河床发生变化；河床反作用于水流，影响水流的特性。由因生果，倒果为因，循环往复，变化无穷，这就是河床演变。另外，河床演变是水流与河床相互作用的过程，在这一过程中，泥沙运动是纽带。

任意河段在特定水流条件下均有一定挟沙能力，当上游来沙量与水流挟沙能力互相适应时，水流处于输沙平衡状态，河床保持相对稳定；如上游来沙量与水流挟沙能力不适应，水流输沙不平衡，河床就会产生相应冲淤变化，河床变化反过来又会改变水流条件，从而引起水流挟沙能力的变化，变化的趋势是尽量使上游来沙量与水流挟沙能力相适应，使河床保持相对平衡，这一过程称为河流的自动调整作用。另外，按河床演变发展进程，分为在相当长时期内河床单一地朝某一方向发展的单向变形，如有些河流多年来河床一直不断淤积抬高；河床周期性往复发展的复归性变形，如浅滩在枯水期冲刷，在洪水期淤积，如此周期重复演变；此外，还有一些局部变形，河道输沙不平衡是河床演变的根本原因。当上游来沙量大于本河段的水流挟沙力时，水流没有能力把上游来沙全部带走，产生淤积，河床升高。当上游来沙量小于本河段的水流挟沙力时，便产生冲刷，河床下降。在一定条件下，河床发生淤积时，淤积速度逐渐减少，直至淤积停止；河床发生冲刷时，冲刷速度逐渐减低，直至冲刷停止。这种现象是河床与水流共同作用，自动调节河床变化的因素。

首先，随着我国对现代化建设的需求，城镇化和工业化进程逐步加快，社会主义新农村建设的全面推进，基础设施建设的不断增加，社会财富的日益增长，人民生活水平的提高，生态环境保障等提出了越来越高的要求。可持续发展观对水利发展也提出了新的要求，水利发展须树立以人为本、节约资源、保护环境和人与自然和谐的观念以及全面、协调、可持续发展的观念，把解决关系广大人民群众切身利益的水利问题放在突出位置，统筹考虑流域、区域、城乡水利协调发展，不断提高政府对水资源的社会管理能力和水平，节约和保护资源，加强对生态的保护，促进人与自然和谐，以水资源的可持续利用支撑全省经济社会的可持续发展。其次，河道整治减少了因水土流失造成的土壤肥力丧失，河道整治可大大改善长期以来由于河流破坏带来的诸多问题，对于保障两岸人民的正常生产和生活起到重要作用。冲滩塌岸现象将大大减少，有利于稳定滩涂、改善滩区的生产和生活条件，提高滩区的土地利用价值，使滩区及靠岸的居民安居乐业，可以基本保障河两岸人民的安全定居，有利于改善两岸各种大、中、小型提灌站的引水条件，保障两岸灌区和人民生活用水需求。河道整治后，河道变得干净，河道里的水也就会慢慢变清，环境自然会逐渐好起来，村民们的生活品质也会提高。河道的整治工作是一个系统化的工程，河道治理工作人员要根据城镇具体河道的分布特点和走向特点，研究其水文特征，全方位地考虑社会经济文化环保方面的因素，让河道为城镇建设更好地发挥作用，极大地推动城市环境的环保化发展。

（三）江河防洪系统

1.江河防洪系统组成

根据自然环境因素，防洪系统分为工程防洪和非工程防洪两种。工程防洪措施是通过采取工程手段控制调节洪水，以达到防洪减灾的目的。主要包括水库工程、蓄滞洪区工程、堤防工程、河道整治工程四大方面。通过这四方面措施的合理配置与优化组合，从而形成完整的江河防洪工程体系。非工程防洪即通过行政、法律、经济等非工程手段而达到防洪减灾的目的。在河道中上游修建水库，特别是干流上的控制性骨干水库，可有效地拦蓄洪水，削减洪峰，减轻下游河道的洪水压力，确保重要防护区的防洪安全。江河防洪系统是以整个长江流域从根本上消除洪患为立足点，对远、近期防洪目标做出系统规划和安排，以便制订整个长江流域防洪方案，协调本流域防汛工作，指导滞洪区的安全建设，统一调度，统一指挥，使洪灾减少到最低限度。要科学地做好江河防洪系统规划，就必须了解历史上曾经发生过的洪水次数、大小、造成危害的范围、损失大小，前人治水的思想、方略、经验以及教训，长江流域内大小江河、湖泊的演变规律及防洪工程的现有防洪能力、标准以及运行情况，流域内社会、经济情况等，并对所在河流或地区的自然条件、社会经济情况、洪水与历史洪灾等进行勘察、调研，获取必要的资料，据以拟定比较方案，包括主要防洪工程措施的规模，再结合综合规划，通过比较或优选，编制河流防洪、城市防洪、海岸防洪等规划，并选定工程防洪和非工程防洪措施。

2.防洪规划

防洪规划需要根据自然环境中的洪水特性、历史洪水灾害，规划范围内国民经济有关部门和社会各方面对防洪的要求，以及国家或地区政治、经济、技术等条件，考虑需要与可能，研究制定保护对象在规划水平年应达到的防洪标准和减少洪水灾害损失的能力，包括尽可能地防止毁灭性灾害的应急措施。为了保护河流沿岸区域在一定洪水标准条件下免受洪水灾害，以及河流生态健康，依据河流自然条件特性、洪水灾害特点和生态环境存在问题，合理规划防洪工程体系，以全面治理洪水灾害、维系河流生态健康为出发点，实施防洪工程建设、加强河道管理、河道内建设项目审批，为协调纠纷提供依据，核心是保障防洪安全。以城市堤防为例，城市防洪堤不仅要具有防洪功能，还要具有景观环境功能，必要时还具有交通、商业等多种功能，走可持续发展之路。人们对防洪工程的认识在不断深化，单纯的水利工程正在逐步包含环境水利、资源水利等新的内容，从传统水利向现代水利转变。对受洪水威胁的城市来说，防洪设施的首要功能是防洪抗灾。但随着人们的环境意识日益增强，对生态环境的要求越来越高，过去那种单一的防洪功能的堤防建设远远不能满足现代人的需求。在城市堤防建设中，如何把防洪工程与城市的生态建设有机地结合起来，以及怎样结合城市特点，发挥防洪设施的多种功能，为美化城市发挥作用，是建设者们必须考虑的问题，在加强堤防建设，提高抗洪能力的同时，积极探索绿化城市、美化城市、造福于民的全方位堤防功能，成为一条结合城市建设、完善堤防功能的新思路，从而建立完善的城市防洪系统，保证人民生命财产安全。

3.防汛抢险

防汛抢险是指在汛期，迅速处置险情、抢救人民生命财产，防止或减少洪水造成的损失。汛期特别是发生暴雨、洪水、台风、地震、河库水位骤降及持续高水位行洪期间，要派专人昼夜巡视检查。重点检查堤顶、堤坡、堤脚有无裂缝、冲刷、坍塌、滑坡、塌坑等险情发生；堤坝背水坡有无散浸、渗浑水，坡脚附近有无积水坑塘和冒水、涌沙、流土现象；迎水坡护砌工程有无裂缝、沉陷、损坏、脱坡、崩塌等问题；沿堤闸涵与堤坝的结合部有无裂缝、位移、滑动、漏水、不均匀沉陷等迹象；土石坝有无变形、渗漏、裂缝、坍塌等险情发生。对于尚未经过洪水浸泡的新堤或者水位已超过历史最高水位的堤段，要专人负责，昼夜巡查。发现问题要登记造册，做好标记（如白天插红旗，夜晚挂红灯等），并尽快报告防汛指挥部，立即采取抢护措施。

首先，要做到科学精准预测预报，对灾害的准确预测和预警是赢得时间、早做准备、科学抢险的前提。面对特大洪灾，各级党委和政府不能只顾埋头救灾，更要抬头看天，抓好预测预报。其次，要针对江河坪堤洪水浸泡时间长、险情增加的情况，落实防汛巡查制度，加大查险排险力度，要加强薄弱地段、险工险段的重点防守，坚决避免大江大河发生溃口性重大险情，要全力做好南水北调、西气东输、重要铁路等重大设施防汛抢险相关工作。对水利工程中，汛期有特别大可能造成该地或下游某地发生较大规模洪水灾害的，应该按照经验预先制订足够的应急撤离计划，对受灾群众进行紧急的撤离、疏散和救援，以最大限度地降低洪涝灾害带来的人员伤亡与财产损失。而对于实际应急抢险中的人员撤离，需要在政府部门的主管与指导下进行，综合协调各方面力量共同应急响应，积极做好防汛抢险工作。

二、取水枢纽工程

（一）取水工程概况

取水工程是一项关键的水利基础设施，旨在从自然水体中提取水资源以满足农业灌溉、工业用水、生活用水以及生态环境等多种需求。这类工程通常包括水源的勘探、评估和选择，以及相应的取水构筑物设计和建设。取水工程的设计需综合考虑地理位置、气候条件、水文地质特征、水资源的可利用性与可持续性。

水源的选择通常基于水资源的丰富程度、水质情况以及对环境的影响。地表水取水工程可能包括河流、湖泊或水库的取水口，而地下水取水则依赖于水井或泉水。地表水取水工程的设计需要考虑季节性水位变化、洪水风险、水质污染等因素，而地下水取水则需评估地下水位、地下水流速以及可能的地下水污染问题。

取水构筑物的设计和建设是取水工程的核心部分，可能包括固定式或浮动式的取水泵站、进水口格栅、沉沙池、过滤设施以及输水管道等。这些构筑物的设计需确保高效、稳定地提取水资源，同时减少能源消耗和维护成本。

此外，取水工程还需配备相应的辅助设施，如水质监测系统、水量计量设备、自动化控制系统等，以实现水资源的合理分配和有效管理。自动化控制系统可以远程监控取水过程，及时调整取水量，以适应不同的用水需求和水资源状况。

取水工程的建设和运营需遵守严格的法律法规，确保水资源的合理开发和利用，防止过度开采和生态环境破坏。在设计和施工过程中，还需考虑到环境保护措施，如生态流量的维护、水质保护以及对周边生态系统的影响。

随着技术的进步和可持续发展理念的普及，现代取水工程越来越注重高效、节能和环保。例如，采用太阳能或风能作为泵站的动力来源，减少对化石燃料的依赖；使用先进的过滤和净化技术，提高供水的水质；以及采用智能化管理系统，优化水资源的分配和利用。

总之，取水工程是一项复杂的系统工程，涉及水资源的勘探、评估、开发、管理和保护等多个方面。它不仅关系到区域水资源的合理利用和经济社会的可持续发展，也是保障人民生活用水安全和生态环境健康的重要基础。

（二）地下（地表）取水工程

地下（地表）取水工程是指通过一系列工程措施从地下或地表水源获取水资源的系统，

包括但不限于水井、蓄水池、水库、河流取水口、湖泊取水设施等。地下取水通常涉及钻探深井或浅井，使用水泵抽取地下水，适用于地下水资源丰富的地区；地表取水则可能包括建设河流、湖泊或水库的取水口，通过引水渠或管道将水输送到使用地点。这些工程需要考虑水文地质条件、水源的可持续性、水质问题、环境影响以及取水设施的建设和维护。此外，地下取水工程还需注意防止过度开采导致的地下水位下降和生态环境破坏，地表取水工程则需考虑洪水、干旱等自然条件对取水稳定性的影响。整个取水工程的设计和实施必须遵循相关法律法规，确保水资源的合理开发和利用，同时兼顾生态保护和可持续发展。

地表水对人类的生产、生活十分重要，是地球上水资源的一个重要组成部分，具有水质洁净、温度变化小和分布广泛等优点，是居民生活、工农业生产和国防建设的重要水源。地表水资源不仅具有可恢复性、水利水害两面性、地表水与地下水相互转化性，而且具有开发利用简便、使用方便、灵活，投资少，见效快，维修少，易管理，安全卫生等特征。在地表水源不足或地表水虽丰富但遭受严重污染的地区，开发利用地下水资源，可为各用水部门提供优质的水源。适度开采地下水，科学利用地下水的可开采资源，对人类是有益的，而且能美化环境，创造更多的物质财富。

（三）海水取水工程

随着水资源的急剧短缺，海水淡化已成为全球应对淡水资源短缺的重要手段之一，海水淡化工程的建设量逐年加大，海水取水工程作为海水淡化厂的重要组成部分，其任务是确保在海水淡化厂的整个生命周期内提供足够的、持续的、适合的水源。取水方式的选择及取水构筑物的建设对整个淡化厂的投资、制水成本、系统稳定运行及生态环境都有重要的影响。取水工程的建设需要考虑到海水淡化厂的投资、建设规模、海水淡化工艺对水质的要求；需要在对取水海域水文水质、地质条件、气象条件、自然灾害等进行深入调查的基础上合理选择取水口及取水方式。海水中含硼，反渗透膜不能完全脱硼，硼含量超标的水会引起人体的不良反应。虽然在我国自来水水质标准中，目前还没有对硼含量进行限制，淡化水完全满足用户乃至居民生活饮用的国家标准，但国际卫生组织已经对饮用水的硼含量有了限制，要求饮用水含硼小于 0.5 mg/L，所以海水取水工程意义重大，海水淡化工程的取水主要有海滩井取水、深海取水及浅海取水三种方式。海滩井取水方式能够取到优质的源水，从而节省预处理部分的投资和运行费用，但要考虑海岸地质构造、水文水质以及运行过程中可能出现的水质不稳定等因素，要在进行深入调查论证后确定；深海取水方式能取到水质较好的海水，但由于其投资较大、施工较复杂等原因导致工程应用较少；浅海取水方式可适用于不同的海水淡化工程，是应用较为广泛的一种取水方式。在进行海水取水工程设计时，应综合考虑海水对金属材料的腐蚀、海生物及潮汐的影响等因素，同时国家应该大力开展海水取水工程，以解决水资源短缺的问题。

海水淡化是我国生活用水的主要来源之一，我国海水淡化工程的取排水口主要集中分布在辽东半岛东部海域、渤海湾海域、山东半岛东北部及南部海域、舟山群岛海域及浙中南海域，多位于港口航运区、工业与城镇用海区、特殊利用区，工程用海水淡化方式大部分为"取排水口用海"，少数为用于厂区建设的"填海造地用海"和"蓄水池、沉淀池等用海"。工程取水方式以岸边取水、管道取水和借用已有取水设施取水为主，少数工程采用海滩井取水、潮汐取水、真空虹吸取水等方式，取水距离为30~3500 m不等，大多数为100~300 m。浓海水排放方式主要分为两类：一类是排海处理，包括直接排入海洋、混合后排入海洋等；另一类是再利用，包括综合利用、温海水养殖等。海水淡化的方式有多种：一是海滩井取水，即在海岸线边上建设取水井，从井里取出经海床渗滤过的海水，作为海水淡化厂的源水。通过这种方式取得的源水由于经过了天然海滩的过滤，海水中的颗粒物被海滩截流，浊度低，水质好，对于反渗透海水淡化，尤其具有吸引力。能否采用这种取水方式的关键是海岸构造的渗水性、海岸沉积物厚度以及海水对岸边海底的冲刷作用。适合的地质构造为有渗水性的砂质构造，一般认为渗水率至少要达到1000 $m^3/(d \cdot m)$，沉积物厚度至少达到15 m。当海水经过海岸过滤，颗粒物被截流，海底、波浪、海流、潮汐等海水运动的冲刷作用能将截流的颗粒物冲回大海，保持海岸良好的渗水性，以获得大量的生活用水。二是反渗透法，通常又称超过滤法，是1953年才开始采用的一种膜分离淡化法。该法是利用只允许溶剂透过、不允许溶质透过的半透膜，将海水与淡水分隔开。在通常情况下，淡水通过半透膜扩散到海水一侧，从而使海水一侧的液面逐渐升高，直至一定的高度才停止，这个过程为渗透。此时，海水一侧高出的水柱静压称为渗透压。反渗透海水淡化技术发展很快，工程造价和运行成本持续降低，主要发展趋势为降低反渗透膜的操作压力，提高反渗透系统回收率、廉价高效预处理技术，增强系统抗污染能力，等等。除这两种比较完善的海水淡化技术外，我国还在开发其他海水淡化技术，并在逐步完善中。

三、灌排工程

（一）灌溉排水工程规划

这是国家为防旱除涝以及合理利用水土资源发展灌溉和排水而制定的总体规划。它是水利建设的一项重要前期工作，用以安排灌溉排水的长期发展计划和确定近期灌排工程项目。灌溉排水规划由两部分组成，即灌溉规划和排水规划。由于不同地区在不同时期内有不同的要求，也可以单独编制灌溉规划或排水规划。根据国家的水利建设方针和农业生产发展的要求，研究规划地区的自然和社会经济的特点，提出防旱除涝及土壤改良的目的和任务；拟定灌排工程的项目、规模和建设程序；进行技术经济论证；选定近期工程项目及其实施步骤，灌溉排水规划的主要任务是对灌区水土资源在国民经济各部门间进行科学分配，合理确定灌区规模和灌区农业的发展方向，因此，灌溉排水规划必须了解灌区所在流域和地区的历史变迁、经济发展状况、水土资源开发利用现状及存在的问题等资料，按照流域规划、地区国民经济与社会发展规划等，紧密结合地区各专业规划和用水现状，以科学的态度，实事求是，才能制定出符合灌区实际、科学合理、现实可行的规划，促进灌区经济与社会的可持续发展，全面提升灌区建设和管理水平，不断创新灌区建设和管理理念，努力实现灌区投入多元化、建设规范化、管理系统化、环境园林化、用水科学化、效益最大化，提高农业综合生产能力，保障粮食安全，促进农业和农村经济持续稳定发展。

（二）灌溉渠系的组成

灌溉渠系是一套复杂的水利工程系统，主要由水源工程、输水渠道、配水渠道、田间工程、节制建筑物、量水设施、排水系统等组成。水源工程负责从河流、湖泊、水库等获取灌溉用水；输水渠道则将水从水源输送到灌溉区域，通常包括主干渠和支渠，负责将水输送到更广泛的区域；配水渠道进一步将水分配到田间，包括斗渠、农渠和毛渠，确保每块田地都能获得适量的灌溉水；田间工程则涉及田间的灌溉设施和排水系统，如灌溉管道、喷头和排水沟；节制建筑物，如闸门、分水闸等，用于控制水流的分配和调节；量水设施则用于测量和监控水流的流量，确保灌溉用水的合理分配；排水系统则负责排除田间多余的水分，防止涝害。整个灌溉渠系的设计和布局需要综合考虑地形、气候、土壤、作物需求和水资源状况，以实现水资源的高效利用和农业生产的可持续发展。

灌溉排水系统的主要内容是将水通过各级灌溉渠道（管道）和建筑物输送到田间，并通过各级排水沟道排出田间多余水量。农田水利设施排水沟道一般应同灌溉渠系配套，也可分为干、支、斗、农、毛五级，或总干沟、分干沟、分支沟等。主要作用是排除因降雨过多而形成的地面径流，或排除农田积水和表层土壤的多余水分，以降低地下水位，排除含盐地下水及灌区退水。对于主要排水沟道要防止坍塌、清淤除草，确保畅通。

（1）水源取水工程

自水源取水并引入农田灌溉所需修筑的进水闸、拦河坝、水库、泵站等，均属于取水工程。

（2）各级输配水渠道

按照灌区的地形条件和所控制灌溉面积的大小，灌溉渠系一般分为干、支、斗、农四级固定渠道。对于地形平坦、面积较小的小型灌区只设干、支两级渠道即可。干渠主要起输水作用，它把从渠首引入的水量输送到各灌溉地段。支渠主要起配水作用，把从干渠分来的水量，按用水计划分配给各用水户。

（3）渠系配套建筑物

一般包括分水闸、节制闸、泄水闸、渡槽、倒虹吸、跌水、陡坡、涵洞、桥梁和量水建筑物等，其作用主要是输送、控制、分配和量测水量等。

（4）田间工程

田间工程是指农渠以下的毛渠、输水沟、畦和灌水沟以及护田林网、道路等水田，还包括格田埂，其主要作用是调节农田水分状况，满足作物对灌溉、排水的要求，从而推动农田产业可持续发展。

（三）渠系建筑物的布置规划

渠系建筑物的布置规划是一项综合性的工程技术活动，它涉及水利工程中渠道系统内各类建筑物的合理布局和规划，以确保水利工程的有效运行和水资源的合理分配。这包括对渠道的走向、坡度、断面尺寸进行设计，以及确定渠道系统中节制闸、分水闸、跌水、渡槽、倒虹吸等建筑物的位置、类型和规模。规划时需考虑地形地貌、水文地质条件、灌溉需求、排水条件、环境影响和经济效益等因素，以实现水资源的高效利用和工程的可持续性。此外，渠系建筑物的布置规划还应遵循相关法规标准，确保工程安全、稳定，并兼顾生态保护和景观美化，以适应当地社会经济发展和农业用水的实际需求。

渠系建筑物的作用是安全合理地输配水量以满足农田灌溉、水力发电、工业及生活用水的需要，在渠道（渠系）上修建的水工建筑物，统称渠系建筑物。灌溉渠道可分为明渠和暗渠两类：明渠修建在地面上，具有自由水面；暗渠为四周封闭的地下水道，可以是有压水流或无压水流。明渠占地多，渗漏和蒸发损失大，但施工方便，造价较低，因此应用最多；暗渠占地少，渗漏、蒸发损失小，适用于人多地少地区或水源不足的干旱地区，但修暗渠需大量建筑材料，技术较复杂，造价也较高。灌溉渠道需具有一定的过水能力，以满足输送或分配灌溉水的要求；同时还必须具有一定水位，以满足控制灌溉面积的要求。灌溉渠道的数量多，工程量大，影响面广，因此除应有合理的规划布局外，还应对其设计流量、流速、坡降以及纵横断面尺寸等进行精心设计规划。灌溉排水系统规划布置应考虑以下几点：①在灌区农业区划与农田水利区划的基础上进行，以适应农业灌溉用水和其他部门用水的需要；②充分利用水源，扩大灌溉面积，提高抗旱能力；③尽可能少占农田，并便于输水、配水及管理；④在综合利用水资源的基础上，进行技术论证，要求工程量小，投资少，而效益大；⑤灌溉系统与排水系统相配套，并尽可能做到渠灌和井灌相结合，尽可能实现自流灌溉及自流排水；⑥有利于水源养护和改善生态环境。

四、蓄泄水枢纽工程

（一）蓄水枢纽工程简介

1.蓄水灌溉工程

我国的灌溉事业已经逐步成熟，在不同时期，灌溉发展的重点不同，灌溉工程不仅用于灌溉，也用于传播文化。灌溉具有多重作用，如提高作物产量、保障粮食安全、向农村提供饮用水、增加农民收入、创造就业机会以及改善环境等。但是，随着社会经济的快速发展，我国面临着水资源短缺和环境恶化等问题，导致灌溉发展面临着挑战。尽管灌溉用水在总供水量中的比重在减少，但灌溉仍是我国的第一用水大户。由于我国的灌溉水利用率较低，所以灌溉的节水潜力很大。

2. 蓄水防洪工程

随着国家对防洪抗旱越来越重视，水利部先后颁布了多项水库工程防汛的相关章程，对当前国内水库防洪技术的提高起着有效的指导和促进作用。目前在水库的防洪问题上一般采用综合防治的方法，通过采取蓄、泄、滞、分四种措施，快捷有效地达到防汛的目的。做好防汛工作，确保城镇防洪安全对于保障经济发展和社会稳定具有重要的意义。蓄水防洪工程是利用防洪水库的库容调蓄洪水以减少下游洪灾损失的措施。防洪水库一般用于拦蓄洪峰或错峰，常与堤防、分洪工程、防洪工程措施等配合组成防洪系统，通过统一的防洪调度共同承担其下游的防洪任务。用于防洪的水库一般可分为单纯的防洪水库及承担防洪任务的综合利用水库，也可分为溢洪设备无闸控制的滞洪水库及有闸控制的蓄洪水库。在水库枯水期蓄水阶段，河道里的泥沙就会全部淤积在水库蓄水区内，到水库放水时期，这些泥沙就随着水流流到水库下游河段，经过不断地积累就会在水库下游河段形成大量的泥沙淤积。尽管从水库工程建设运行开始，其流到下游河道的泥沙淤积逐年减少，但泥沙淤积总量会持续地增加，河道泥沙的大量淤积，使河床不断地抬高和展宽，因此当水库在紧急泄洪时，泄洪速度就会变得缓慢，从而提高了水库的防洪能力，为人们的生命财产安全提供了保证。

水库的防洪调度是蓄水防洪工程的重要组成部分，合理的防洪调度可以有效地降低洪水所造成的影响，甚至可以避免洪水带来的危害。当水库水位超过正常蓄水位或水库承担下游防洪任务时，应及时开启全部闸门敞开泄洪，以确保水库的安全。对于一些特殊的运用方式，须启用临时的泄洪设施，此时操作上应该格外谨慎。对于拥有较大的蓄洪量的水库，以水库水位作为启用条件比较安全；对于蓄洪能力较小或者是设计洪水标准较低的水库，以入库流量作为启用条件比较安全。水库本身防洪标准：从保证大坝安全出发，需要分别拟定水库防洪设计标准（正常运用）及校核标准（非正常运用）。水库防洪设计标准是在正常运用情况下确定水库有关参数和水工建筑物尺寸的依据。校核标准是在非正常运用情况下校核大坝安全的依据。

水库的防洪设计标准主要根据大坝规模、效益、失事后造成的严重后果等因素，按照有关的规程、规范选定，必要时可通过经济论证及综合分析确定。蓄水工程对人类发展意义重大，首先，单纯防洪的水库不能充分利用水资源，以防洪任务为主的水库要考虑其他兴利要求；以兴水利任务为主的水库要根据具体情况安排一定的防洪库容。其次，以水库群组成的防洪系统，能充分发挥各种防洪工程措施或非工程措施的优势，是解决防洪问题的方向。最后，水库防洪要进一步采用先进的科学调度技术和手段。蓄水防洪对人类生产生活的发展意义重大，极大地保证了人民生命财产的安全。

（二）泄水枢纽系统简介

在水利枢纽工程中，泄洪闸坝既起挡水作用，又被用于下泄规划库容所不能容纳的洪水，是控制水位、调节泄洪量的重要建筑物。溢流闸坝除应具备足够泄流能力外，还要保证其在工作期间的自身安全和下泄水流与原河道水流获得妥善的衔接。泄水系统按构造可分为泄洪闸门或泄洪隧洞两类，前者通常在大坝上设置，必要时借助开启闸门泄水；后者须在大坝两侧分别设进排水口，并在水库水位超高时启用常用的泄水建筑物，包括：①低水头水利枢纽的滚水坝、拦河闸和冲沙闸；②高水头水利枢纽的溢流坝、溢洪道、泄水孔、泄水涵管、泄水隧洞；③由河道分泄洪水的分洪闸、溢洪堤；④由渠道分泄，洪水或多余水量的泄水闸、退水闸；⑤由涝区排泄涝水的排水闸、排水泵站。修建泄水建筑物，关键是要解决好消能防冲和防空蚀、抗磨损问题。对于较轻型建筑物或结构，还应防止泄水时的震动。泄水建筑物设计和运行实践的发展与结构力学和水力学的进展密切相关。近年来由于高水头窄河谷宣泄大流量、高速水流压力脉动、高含沙水流泄水、大流量施工导流、高水头闸门技术以及抗震、减震、掺气减蚀、高强度耐蚀耐磨材料的开发和进展，对泄水建筑物设计、施工、运行水平的提高起了很大的推动作用。泄水建筑物是水利水电枢纽工程十分重要的水工建筑物，水流冲刷作用会产生诸多地质问题。冲刷的影响因素主要有地质和水流两方面，其中前者是根本。

目前冲刷坑计算采用的是建立在室内模型试验和原型观测成果基础上提出的经验公式，最终冲刷结果还须通过水工模型试验予以验证。地质冲刷的影响因素十分复杂，应综合分析和评价，注意要留有余地，同时在工程运行期间，必须对严重冲刷地段加强安全监测，为枢纽的正常运行提供安全保障。

目前我国水利工程应用的泄水建筑物用以排放多余水量、泥沙和冰凌等。泄水建筑物具有安全排洪、放空水库的功能。对于水库、江河、渠道或前池等起太平门的作用，也可用于施工导流。溢洪道、溢流坝、泄水孔、泄水隧洞等是泄水建筑物的主要形式。泄水建筑物是水利枢纽的重要组成部分，其造价常占工程总造价的很大部分，所以，合理选择其形式，确定其尺寸十分重要，泄水建筑物按其进口高程可布置成表孔、中孔、深孔或底孔。表孔泄流与进口淹没在水下的孔口泄流相比，由于泄流量分别与 H3/2 和 H1/2 成正比，所以，在同样水头时，前者具有较大的泄流能力，方便可靠，常是溢洪道及溢流坝的主要形式。深孔及隧洞一般不作为重要大泄量水利枢纽的单一泄洪建筑物。

第三章 水利工程建设质量控制与进度控制

第一节 水利工程建设质量控制

一、水利工程建设质量控制概述

（一）建设工程质量

质量是指客体的一组固有特性满足要求的程度。"固有特性"是指对于不同的客体，其固有特性会有差异。包括明示的特性和隐含的特性，明示的特性一般以书面阐明或明确向顾客指出，隐含的特性是指惯例或一般做法。"满足要求"是指满足顾客和相关方的要求，包括法律法规及标准规范的要求。

建设工程质量简称工程质量，是指建设工程满足相关标准规定和合同约定要求的程度，包括其在安全、使用功能及耐久性能、节能与环境保护等方面所有明示和隐含的固有特性。建设工程作为一种特殊的产品，除具有一般产品共有的质量特性外，还具有特定的内涵。建设工程质量的特性主要表现在适用性、耐久性、安全性、可靠性、经济性、节能性与环境的协调性七个方面，彼此之间是相互依存的。总体而言，适用性、耐久性、安全性、可靠性、经济性、节能性与环境的协调性，都是必须达到的基本要求，缺一不可，但对不同门类的不同专业可以有不同的侧重面。

（二）质量管理及全面质量管理

质量管理是指在组织内部建立和实施一套系统化、标准化的流程和方法，旨在确保产品或服务能够持续地满足顾客和适用法律法规的要求，并致力于通过持续改进过程来提高组织的整体绩效。这包括但不限于质量策划、控制、保证和改进四个主要环节，其中质量策划涉及确定质量目标和制订实现这些目标的计划；质量控制则关注监视和测量产品或服务以确保它们符合质量要求；质量保证是向顾客提供信心，保证产品或服务能满足其质量要求；而质量改进则是一个持续的过程，通过分析数据、识别问题、实施解决方案和监控结果来不断提高产品或服务的质量。质量管理的关键在于全员参与、过程方法、系统管理、持续改进和事实决策，以实现组织的战略目标和提升顾客的满意度。

1.全面质量管理的基本方法

（1）计划阶段

又称P（Plan）阶段，主要是在调查问题的基础上制订计划。计划的内容包括确立目标、活动等，以及制定完成任务的具体方法。这个阶段包括八个步骤中的前四个步骤：查找问题、进行排列、分析问题产生的原因、制定对策和措施。

（2）实施阶段

又称D（Do）阶段，就是按照制订的计划和措施去实施，即执行计划。这个阶段是八个步骤中的第五个步骤，即执行措施。

（3）检查阶段

又称C（Check）阶段，就是检查生产（设计或施工）是否按计划执行、其效果如何。这个阶段是八个步骤中的第六个步骤，即检查采取措施后的效果。

（4）处理阶段

又称A（Action）阶段，就是总结经验和清理遗留问题。这个阶段包括八个步骤中的最后两个步骤：建立巩固措施，即把检查结果中成功的做法和经验加以标准化、制度化，并使之巩固下来；提出尚未解决的问题，转入下一个循环。

在PDCA循环中，处理阶段是一个循环的关键。PDCA的循环过程是一个不断解决问题不断提高质量的过程。同时，在各级质量管理中都有一个PDCA循环，形成一个大环套小环、一环扣一环，互相制约、互为补充的有机整体。

2.全面质量管理的基本观点

（1）"质量第一"的观点

"质量第一"是推行全面质量管理的思想基础。工程质量的好坏，不仅关系到国民经济的发展及人民生命财产的安全，而且直接关系到企事业单位的信誉、经济效益、生存和发展。因此，在工程项目的建设全过程中，所有人员都必须牢固树立"质量第一"的观点。

（2）"用户至上"的观点

"用户至上"是全面质量管理的精髓。工程项目"用户至上"的观点包括两层含义：一是直接或间接使用工程的单位或个人；二是在企事业内部，生产（设计、施工）过程中下一道工序为上一道工序的用户。

（3）预防为主的观点

工程质量的好坏是设计、建筑出来的，而不是检验出来的。检验只能确定工程质量是否符合标准要求，但不能从根本上决定工程质量的高低。全面质量管理必须强调从检验把关变为工序控制，从管质量结果变为管质量因素，防检结合，预防为主，防患于未然。

（4）用数据说话的观点

工程技术数据是实行科学管理的依据，没有数据或数据不准确，质量则无法进行评价。全面质量管理就是以数理统计方法为基本手段，依靠实际数据资料，做出正确判断，进而采取正确措施，进行质量管理。

（5）全面管理的观点

全面质量管理突出一个"全"字，要求实行全员、全过程、全企业的管理。因为工程质量的好坏，涉及施工企业的每个部门、每个环节和每个职工。各项管理既相互联系，又相互作用，只有共同努力、齐心管理，才能全面保证工程项目的质量。

（6）一切按PDCA循环进行的观点

坚持按照计划、实施、检查、处理的循环过程办事，是进一步提高工程质量的基础。经过一次循环，对事物内在的客观规律就有了进一步的认识，从而制订出新的质量计划，使全面质量管理工作及工程质量不断提高。

3.建设工程质量的特点

（1）影响因素多

建设工程质量受到多种因素的影响，如决策、设计、材料、机具设备、施工方法、施工工艺、技术措施、人员素质、工期、工程造价等，这些因素直接或间接地影响着工程项目质量。

（2）质量波动大

由于建筑生产的单件性、流动性，不像一般工业产品的生产，有固定的生产流水线、有规范化的生产工艺和完善的检测技术、有成套的生产设备和稳定的生产环境，所以工程质量容易产生波动且波动大。同时，由于影响工程质量的偶然性因素和系统性因素比较多，其中任一因素发生变动，都会使工程质量产生波动。例如，材料规格品种使用错误、施工方法不当、操作未按规程进行、机械设备过度磨损或出现故障、设计计算失误等，都会发生质量波动，产生系统因素的质量变异，造成工程质量事故。为此，要严防出现系统性因素的质量变异，把质量波动控制在偶然性因素范围内。

（3）质量的隐蔽性

建设工程在施工过程中，分项工程交接多、中间产品多、隐蔽工程多，因此质量存在隐蔽性。若在施工中不及时进行质量检查，事后只能从表面上检查，就很难发现内在的质量问题，这样就容易产生判断错误，即将不合格品误认为合格品。

（4）终检的局限性

工程项目建成后不可能像一般工业产品那样依靠终检来判断产品质量，或将产品拆卸、解体来检查其内在质量，或对不合格零部件进行更换。工程项目的终检（竣工验收）无法进行工程内在质量的检验，导致无法发现隐蔽的质量缺陷。因此，工程项目的终检存在一定的局限性。这就要求工程质量控制应以预防为主，防患于未然。

（5）评价方法的特殊性

水利工程质量的检查评定及验收是按单元工程、分部工程、单位工程进行的。单元工程的质量是整个工程质量验收的基础。隐蔽工程在隐蔽前要检查合格后验收，涉及结构安全的试块、试件以及有关材料，应按规定进行见证取样检测，涉及结构安全和使用功能的重要分部工程要进行抽样检测。工程质量是在施工单位按合格质量标准自行检查评定的基础上，由项目监理机构组织有关单位人员进行检验，确认验收。这种评价方法体现了"验评分离、强化验收、完善手段、过程控制"的指导思想。

4.影响工程质量的因素

（1）人员素质

人是生产经营活动的主体，也是工程项目建设的决策者、管理者、操作者，工程建设的规划、决策、勘察、设计、施工与竣工验收等全过程，都是通过人的工作来完成的。人员的素质，即人的文化水平、技术水平、决策能力、管理能力、组织能力、作业能力、控制能力、身体素质及职业道德等，都将直接和间接地对规划、决策、勘察、设计和施工的质量产生影响，而规划是否合理，决策是否正确，设计是否符合所需要的质量功能，施工能否满足合同、规范、技术标准的需要等，都将对工程质量产生不同程度的影响。人员素质是影响工程质量的一个重要因素。因此，水利行业实行资质管理和各类专业从业人员持证上岗制度是保证人员素质的重要管理措施。

（2）工程材料

工程材料是指构成工程实体的各类建筑材料、构配件、半成品等，是工程建设的物质条件，是工程质量的基础。工程材料选用是否合理、产品是否合格、材质是否经过检验、保管使用是否得当等，都将直接影响建设工程的结构刚度和强度，工程外表及观感，工程的使用功能，工程的使用安全。

（3）机械设备

机械设备可分为两类：一类指组成工程实体及配套的工艺设备和各类机具，如水轮机、泵机、通风设备等，它们构成了建筑设备安装工程或工业设备安装工程，形成完整的使用功能；另一类指施工过程中使用的各类机具设备，包括大型垂直与横向运输设备、各类操作工具、各种施工安全设施、各类测量仪器和计量器具等，简称施工机具设备，它们是施工生产的手段。施工机具设备对工程质量有重要的影响。工程所用机具设备，其产品质量优劣直接影响着工程使用功能质量。施工机具设备的类型是否符合工程施工特点、性能是否先进稳定、操作是否方便安全等，都将会影响工程项目的质量。

（4）建造方法

建造方法是指工艺方法、操作方法和施工方案。在工程施工中，施工方案是否合理、施工工艺是否先进、施工操作是否正确，都将对工程质量产生重大的影响。采用新技术、新工艺、新方法，不断提高工艺技术水平，是保证工程质量稳定提高的重要因素。

（5）环境条件

环境条件是指对工程质量特性起重要作用的环境因素，包括工程技术环境，如工程地质、水文、气象等；工程作业环境，如施工作业面大小、防护设施、通风照明和通信条件等；工程管理环境，主要指工程实施的合同结构与管理关系的确定、组织体制及管理制度等；周边环境，如工程邻近的地下管线、建（构）筑物等。环境条件往往对工程质量产生特定的影响。加强环境管理，改进作业条件，把握好技术环境，辅以必要的措施，是控制环境对质量影响的重要保证。

5.质量控制

（1）坚持质量第一的原则

建设工程质量不仅关系到工程的适用性和建设项目投资效果，还关系到人民群众生命财产的安全。所以，项目监理机构在进行投资、进度、质量三大目标控制时，以及在处理三者关系时，应坚持"百年大计，质量第一"，在工程建设中自始至终把"质量第一"作为对工程质量控制的基本原则。

（2）坚持以人为核心的原则

人是工程建设的决策者、组织者、管理者和操作者。工程建设中各单位、各部门、各岗位人员的工作质量水平和完善程度，都直接和间接地影响着工程质量。所以，在工程质量控制中，要以人为核心，重点控制人的素质和人的行为，充分发挥人的积极性和创造性，以人的工作质量来保证工程质量。

（3）坚持以预防为主的原则

工程质量控制应该是积极主动的，应事先对影响质量的各种因素加以控制，而不应该是消极被动的，等出现质量问题再进行处理。所以，要重点做好质量的事先控制和事中控制，以预防为主，加强过程和中间产品的质量检查与控制。

（4）以合同为依据，坚持质量标准的原则

质量标准是评价产品质量的尺度，工程质量是否符合合同规定的质量标准要求，应通过质量检验并与质量标准对照决定。符合质量标准要求的才是合格的，不符合质量标准要求的就是不合格的，必须返工处理。

（5）坚持科学、公平、守法的职业道德规范

在工程质量控制中，项目监理机构必须坚持科学、公平、守法的职业道德规范，要尊重科学、尊重事实，以数据资料为依据，客观、公平地进行质量问题的处理。要坚持原则，遵纪守法，秉公监理。

二、施工阶段的质量控制

（一）质量控制的依据、程序及方法

1.质量控制的依据

项目监理机构施工质量控制的依据，大体上有以下几类：

第一，工程合同文件，建设工程监理合同、建设单位与其他相关单位签订的合同，包括与施工单位签订的施工合同、与材料设备供应单位签订的材料设备采购合同等。项目监理机构既要履行建设工程监理合同条款，又要监督施工单位、材料设备供应单位履行有关工程质量合同条款。因此，项目监理机构监理人员应熟悉相应条款，据以进行质量控制。

第二，已批准的工程勘察设计文件、施工图纸及相应的设计变更与修改文件，工程勘察包括工程测量、工程地质和水文地质勘察等内容，工程勘察成果文件为工程项目选址、工程设计和施工提供科学可靠的依据，也是项目监理机构审批工程施工组织设计或施工方案、工程地基基础验收等工程质量控制的重要依据。经过批准的设计图纸和技术说明书等设计文件，是质量控制的重要依据。施工图审查报告与审查批准书、施工过程中设计单位出具的工程变更设计都属于设计文件的范畴，"按图施工"是施工阶段质量控制的一项重要原则，已批准的设计文件无疑是监理人员进行质量控制的依据。但是从严格质量管理和质量控制的角度出发，监理单位在施工前还应参加建设单位组织的设计交底工作，以达到了解设计意图和质量要求，发现图纸差错和减少质量隐患的目的。

第三，有关质量管理方面的法律法规、部门规章与规范性文件，主要包括：法律，如《中华人民共和国水法》《中华人民共和国防洪法》等；行政法规，如《建设工程质量管理条例》《中华人民共和国防汛条例》等；部门规章，如《建筑工程施工许可管理办法》《实施工程建设强制性标准监督规定》等；规范性文件，如《建设工程质量责任主体和有关机构不良记录管理办法（试行）》等。

第四，质量标准与技术规范（规程）是针对不同行业、不同质量控制对象而制定的，包括各种有关的标准、规范或规程。根据适用性，标准分为国家标准、行业标准、地方标准和企业标准。它们是建立和维护正常的生产与工作秩序应遵守的准则，也是衡量工程、设备和材料质量的尺度。对于国内工程，国家标准是必须执行与遵守的最低要求，行业标准、地方标准和企业标准的要求不能低于国家标准的要求。企业标准是企业生产和工作的要求与规定，适用于企业的内部管理。

这里需要指出的是，工程建设监理制度，是按照国际惯例建立起来的，特别适用于大型工程、外资工程及对外承包工程。因此，进行质量控制还必须注意其他国家的标准。当需要依据这些标准进行质量控制时，就要熟悉它、执行它。

2. 施工阶段质量控制程序

（1）合同项目质量控制程序

①监理机构应在施工合同约定的期限内，经发包人同意后向承包人发出进场通知，要求承包人按约定及时调遣人员和施工设备、材料进场进行施工准备。进场通知中应明确合同工期起算日期。

②监理机构应协助发包人向承包人移交施工合同，约定应由发包人提供施工用地、道路、测量基准点及供水、供电、通信设施等开工的必要条件。

③承包人完成开工准备后，应向监理机构提交开工申请。监理机构在检查发包人和承包人的施工准备合格并满足开工条件后，签发开工令。

④由于承包人原因导致工程未能按施工合同约定时间开工，监理机构应通知承包人在约定时间内提交赶工措施报告并说明延误开工原因，由此增加的费用和工期延误造成的损失由承包人承担。

⑤由于发包人原因导致工程未能按施工合同约定时间开工，监理机构在收到承包人提出的顺延工期的要求后，应立即与发包人和承包人协商补救办法，由此增加的费用和工期延误造成的损失由发包人承担。

（2）单位工程质量控制程序

监理机构应审批每一个单位工程的开工申请，熟悉图纸，审核承包人提交的施工组织设计、技术措施等，确认后签发开工通知。

（3）分部工程质量控制程序

监理机构应审批承包人报送的每一分部工程开工申请，审核承包人递交的施工措施计划，检查该分部工程的开工条件，确认后签发分部工程开工通知。

（4）单元工程（工序）质量控制程序

第一个单元工程在分部工程开工申请获批准后自行开工，后续单元工程凭监理机构签发的上一单元工程施工质量合格证明方可开工。

（5）混凝土浇筑开仓

监理机构应对承包人报送的混凝土浇筑开仓报审表进行审核。符合开仓条件后，方可签发开工通知。

3. 施工阶段质量控制方法

施工阶段质量检查的方法主要有以下几种：

（1）旁站监理

旁站是指项目监理机构对工程的关键部位或关键工序的施工质量进行的监督活动。项目监理机构应根据工程特点和施工单位报送的施工组织设计，将影响工程主体结构安全的、完工后无法检测其质量的或返工会造成较大损失的部位及其施工过程作为旁站的关键部位、关键工序，安排监理人员进行旁站，并及时记录旁站情况。旁站工作程序：开工前，项目监理机构应根据工程特点和施工单位报送的施工组织设计，确定旁站的关键部位和关键工序，并书面通知施工单位；施工单位在需要实施旁站的关键部位、关键工序进行施工前书面通知项目监理机构；接到施工单位书面通知后，项目监理机构应安排旁站人员实施旁站。

（2）巡视检验

巡视是项目监理机构对施工现场进行的定期或不定期的检查活动，是项目监理机构对工程实施建设监理的方式之一。项目监理机构应安排监理人员对工程施工质量进行巡视。巡视应包括下列主要内容：

①施工单位是否按工程设计文件、工程建设标准和批准的施工组织设计（专项）、施工方案施工。施工单位必须按照工程设计图纸和施工技术标准施工，不得擅自修改工程设计，不得偷工减料。

②应检查施工单位使用的工程原材料、构配件和设备是否合格。不得在工程中使用不合格的原材料、构配件和设备，只有经过复试检测合格的原材料、构配件和设备才能用于工程。

③施工现场管理人员，特别是施工质量管理人员是否到位。应对其是否到位及履职情况做好检查和记录。

④特种作业人员是否持证上岗。应对施工单位特种作业人员是否持证上岗进行检查。

（3）见证取样与平行检测

见证取样是指项目监理机构对施工单位进行的涉及结构安全的试块、试件及工程材料现场取样、封样、送检工作的监督活动。完成取样后，施工单位取样人员应在试样或其包装上做出标识、封志。标识和封志应标明工程名称、取样部位、取样日期、样品名称和样品数量等信息，并由见证取样的专业监理工程师和施工单位取样人员签字。

平行检测是指项目监理机构在施工单位自检的同时，按有关规定、建设工程监理合同约定对同一检验项目进行的检测试验活动。项目监理机构应根据工程特点、专业要求，以及建设工程监理合同约定，对施工质量进行平行检测。平行检测的项目、数量、频率和费用等应符合建设工程监理合同的约定。对平行检测不合格的施工质量，项目监理机构应签发监理通知单，要求施工单位在指定的时间内整改并重新报验。

（4）监理指令文件的签发

在工程质量控制方面，项目监理机构发现施工存在质量问题的，或施工单位采用不适当的施工工艺，或施工不当造成工程质量不合格的，应及时签发监理通知单，要求施工单位整改。监理通知单由专业监理工程师或总监理工程师签发。监理人员发现可能造成质量事故的重大隐患或已发生质量事故的，总监理工程师应签发工程暂停令。因建设单位原因或非施工单位原因引起工程暂停的，在具备复工条件时，应及时签发工程复工令，指令施工单位复工。所有这些指令和记录，要作为主要的技术资料存档备查，作为今后解决纠纷的重要依据。

（5）工程变更的控制

施工过程中，由于前期勘察设计的原因，或由于外界自然条件的变化，未探明的地下障碍物、管线、文物地质条件不符等，以及施工工艺方面的限制、建设单位要求的改变，均会涉及工程变更。做好工程变更的控制工作，是工程质量控制的一项重要内容。工程变更单由提出单位填写，写明工程变更原因、工程变更内容，并附必要的附件，包括：工程变更的依据、详细内容、图纸；对工程造价、工期的影响程度分析，以及对功能、安全影响的分析报告。

对于施工单位提出的工程变更，项目监理机构可按下列程序处理：

①总监理工程师组织专业监理工程师审查施工单位提出的工程变更申请，提出审查意见。对涉及工程设计文件修改的工程变更，应由建设单位转交原设计单位修改工程设计文件。必要时，项目监理机构应建议建设单位组织设计、施工等单位召开论证工程设计文件修改方案的专题会议。

②总监理工程师组织专业监理工程师对工程变更费用及工期影响做出评估。

③总监理工程师组织建设单位、施工单位等共同协商确定工程变更费用及工期变化，会签工程变更单。

④项目监理机构根据批准的工程变更文件监督施工单位实施工程变更。

施工单位提出工程变更的情形一般有以下几种：

第一，图纸出现错、漏、碰、缺等缺陷而无法施工。

第二，图纸不便施工，变更后更经济、方便。

第三，采用新材料、新产品、新工艺、新技术的需要。

第四，施工单位考虑自身利益，为费用索赔而提出工程变更。

施工单位提出的工程变更，当进行某些材料、工艺、技术方面的修改时，即根据施工现场具体条件和自身的技术、经验和施工设备等，在不改变原设计文件原则的前提下，提出的对设计图纸和技术文件的某些技术上的修改要求。例如，对某种规格的钢筋采用替代规格的钢筋、对基坑开挖边坡的修改等。应在工程变更单及其附件中说明要求修改的内容及原因或理由，并附上有关文件和相应图纸。经各方同意签字后，由总监理工程师组织实施。

当施工单位提出的工程变更要求对设计图纸和设计文件所表达的设计标准、状态有改变或修改时，项目监理机构经与建设单位、设计单位、施工单位研究并做出变更决定后，由建设单位转交原设计单位修改工程设计文件，再由总监理工程师签发工程变更单，并附设计单位提交的修改后的工程设计图纸，交施工单位按变更后的图纸施工。

建设单位提出的工程变更，可能是由于局部调整使用功能，也可能是方案阶段考虑不周，项目监理机构应对工程变更可能造成的设计修改、工程暂停、返工损失、增加工程造价等进行全面的评估，为建设单位正确决策提供依据，避免工程反复和浪费。对于设计单位要求的工程变更，应由建设单位将工程变更设计文件下发项目监理机构，由总监理工程师组织实施。

如果变更涉及项目功能、结构主体安全，该工程变更还要按有关规定报送施工图原审查机构及管理部门进行审查与批准。

（6）质量记录资料的管理

质量记录资料是施工单位进行工程施工或安装期间实施质量控制活动的记录，还包括对这些质量控制活动的意见及施工单位对这些意见的答复，它详细地记录了工程施工阶段质量控制活动的全过程。因此，它不仅在工程施工期间对工程质量的控制有重要作用，而且在工程竣工和投入运行后，对于查询和了解工程建设的质量情况，以及工程维修和管理提供大量有用的资料与信息。质量记录资料包括以下三方面内容：施工现场质量管理检查记录资料；工程材料质量记录；施工过程作业活动质量记录资料。施工质量记录资料应真实、齐全、完整，相关各方人员的签字齐备、字迹清楚、结论明确，与施工过程的进展同步。监理资料的管理应由总监理工程师负责，并指定专人具体实施。

（二）实体形成过程各阶段的质量控制的主要内容

1.事前质量控制内容

事前质量控制内容是指正式开工前所进行的质量控制工作，其具体内容包括以下几个方面：

第一，承包人资质审核。检查工程技术负责人是否到位；审查分包单位的资质等级。

第二，施工现场的质量检验验收。现场障碍物的拆除、迁建及清除后的验收；现场定位轴线、高程标桩的测设、验收；基准点、基准线的复核、验收等。

第三，负责审查批准承包人在工程施工期间提交的各单位工程和分部工程的施工措施计划、方法及施工质量保证措施。

第四，督促承包人建立和健全质量保证体系，组建专职的质量管理机构，配备专职的质量管理人员。承包人现场应设置专门的质量检查机构和必要的试验条件，配备专职的质量检查、试验人员，建立完善的质量检查制度。

第五，采购材料和工程设备的检验与交货验收。承包人负责采购的材料和工程设备，应由承包人会同现场监理人进行检验与交货验收，检验材质证明和产品合格证书。

第六，工程观测设备的检查。现场监理人须检查承包人对各种观测设备的采购、运输、保存、率定、安装、埋设、观测和维护等。其中观测设备的率定、安装、埋设和观测均必须在有现场监理人员在场的情况下进行。

第七，施工机械的质量控制。凡直接危及工程质量的施工机械，如混凝土搅拌机、振动器等，应按技术说明书查验其相应的技术性能，不符合要求的，不得在工程中使用；施工中使用的衡器、量具、计量装置应有相应的技术合格证，使用时应完好并不超过它们的校验周期。

2.事中控制的内容

第一，监理人有权对全部工程的所有部位及其任何一项工艺、材料和工程设备进行检查与检验，也可随时提出要求在制造地、装配地、储存地点、现场、合同规定的任何地点进行检查、测量和检验，以及查阅施工记录。承包人应提供监理人通常需要的协助，包括劳务、电力、燃料、备用品、装置和仪器等。承包人也应按照监理人的指示，进行现场取样试验、工程复核测量和设备性能检测，提供试验样品、试验报告和测量成果，以及监理人要求进行的其他工作。监理人的检查和检验不解除承包人按合同规定应负的责任。

第二，施工过程中承包人应对工程项目的每道工序认真进行检查，并应把自行检查结果报送监理人备查，重要工程或关键部位承包人自检结果核准后才能进入下一道工序。如果监理人认为必要时，也可随时进行抽样检验，承包人必须提供抽查条件。如抽查结果不符合合同规定，必须进行返工处理，处理合格后，方可继续施工；否则，将按质量事故处理。

第三，依据合同规定的检查和检验，应由监理人与承包人按商定的时间和地点共同进行检查与检验。

第四，隐蔽工程和工程隐蔽部位的检查。经承包人自行检查确认隐蔽工程或工程的隐蔽部位具备覆盖条件的，在约定的时间内，承包人应通知监理人进行检查。如果监理人未按约定时间到场检查，拖延或无故缺席，造成工期延误，承包人有权要求延长工期和赔偿其停工或窝工损失。虽然经监理人检查，并同意覆盖，但事后对质量有怀疑时，监理人仍可要求承包人对已覆盖的部位进行钻孔探测，甚至揭开重新检验，承包人应遵照执行；当承包人未及时通知监理人，或监理人未按约定时间派人到场检查时，承包人私自将隐蔽部位覆盖，监理人有权指示承包人进行钻孔探测或揭开检查，承包人应遵照执行。

第五，不合格工程、材料和工程设备的处理。在工程施工中禁止使用不符合合同规定的等级质量标准和技术特性的材料及工程设备。

第六，行使质量监督权，下达停工令。出现下述情况之一，监理人有权发布停工通知：未经检验即进入下一道工序作业；擅自采用未经认可或批准的材料；擅自将工程转包；擅自让未经同意的分包商进场作业；没有可靠的质量保证措施贸然施工，已出现质量下降征兆；工程质量下降，经指出后未采取有效改正措施，或采取了一定措施而效果不好，继续作业；擅自变更设计图纸要求等。

第七，行使好质量否决权，为工程进度款的支付签署质量认证意见。

3.事后质量控制的内容

第一，审核完工资料。

第二，审核施工承包人提供的质量检验报告及有关技术性文件。

第三，整理有关工程项目质量的技术文件，并编目、建档。

第四，评价工程项目质量状况及水平。

第五，组织联动试车等。

三、水利工程施工质量验收

（一）水利水电工程项目划分的原则

1.新规程有关项目的名称与划分原则

水利水电工程质量检验与评定应当进行项目划分。项目按级划分为单位工程、分部工程、单元（工序）工程三级。

水利水电工程项目的划分应结合工程结构特点、施工部署及施工合同要求进行，划分结果应有利于保证施工质量以及施工质量管理。

（1）单位工程项目划分原则

①枢纽工程，一般以每座独立的建筑物为一个单位工程。当工程规模大时，可将一个建筑物中具有独立施工条件的一部分划分为一个单位工程。

②堤防工程，按招标标段或工程结构划分单位工程。可将规模较大的交叉联结建筑物及管理设施以每座独立的建筑物划分为一个单位工程。

③引水（渠道）工程，按招标标段或工程结构划分单位工程。可将大、中型（渠道）建筑物以每座独立的建筑物划分为一个单位工程。

④除险加固工程，按招标标段或加固内容，结合工程量划分单位工程。

（2）分部工程项目划分原则

①枢纽工程，土建部分按设计的主要组成部分划分，金属结构及启闭机安装工程和机电设备安装工程按组合功能划分。

②堤防工程，按长度或功能划分。

③引水（渠道）工程中的河（渠）道按施工部署或长度划分。大、中型建筑物按工程结构主要组成部分划分。

④除险加固工程，按加固内容或部位划分。

⑤同一单位工程中，同类型的各个分部工程的工程量（或投资）不宜相差太大，不同类型的各个分部工程投资不宜相差太大，工程量相差不超过50%。每个单位工程中的分部工程数目不宜少于5个。

（3）单元工程项目划分原则

单元工程项目划分原则是根据工程项目的特点和施工组织的要求，将整个工程划分为若干个单元工程，以便于施工管理、质量控制和进度安排。这些原则通常包括按照工程的结构特点进行划分，确保每个单元工程在结构和功能上具有相对独立性；根据施工工艺和方法进行划分，使每个单元工程的施工技术和工艺流程协调一致；按照施工部署和施工顺序进行划分，保证施工的连续性和逻辑性；根据工程量和施工强度进行划分，使每个单元工程的工作量适中，避免因工程量过大或过小影响施工效率；以及考虑施工资源的配置，包括人力、材料、设备等，确保每个单元工程的资源供应合理。此外，单元工程的划分还应符合合同要求、质量检验标准和工程管理规定，以实现施工过程的有效控制和工程项目的顺利完成。

2.新规程有关项目划分程序

第一，由项目法人组织监理、设计及施工等单位进行工程项目划分，并确定主要单位工程、主要分部工程、重要隐蔽单元工程和关键部位单元工程。项目法人在主体工程开工前将项目划分表及说明书面报相应工程质量监督机构确认。

第二，工程质量监督机构收到项目划分书面报告后，应当在14个工作日内对项目进行划分、确认，并将确认结果书面通知项目法人。

第三，工程实施过程中，需对单位工程、主要分部工程、重要隐蔽单元工程和关键部位单元工程的项目划分进行调整时，项目法人应重新报送工程质量监督机构确认。

3.有关质量术语

第一，水利水电工程质量：工程满足国家和水利行业相关标准及合同约定要求的程度，在安全性、使用功能适用性、外观及环境保护等方面的特性总和。

第二，质量检验：通过检查、量测、试验等方法，对工程质量特性进行的符合性评价。

第三，质量评定：将质量检验结果与国家和行业技术标准及合同约定的质量标准所进行的比较活动。

第四，单位工程：具有独立发挥作用或独立施工条件的建筑物。

第五，分部工程：在一个建筑物内能组合发挥一种功能的建筑安装工程，是组成单位工程的部分。对单位工程安全性、使用功能或效益起决定性作用的分部工程称为主要分部工程。

第六，单元工程：指在分部工程中由几个工序（或工种）施工完成的最小综合体，是日常质量考核的基本单位。

第七，关键部位单元工程：指对工程安全性或效益或使用功能有显著影响的单元工程。

第八，重要隐蔽单元工程：指在主要建筑物的地基开挖、地下洞室开挖、地基防渗、加固处理和排水等隐蔽工程中，对工程安全或使用功能有严重影响的单元工程。

第九，主要建筑物及主要单位工程：主要建筑物，指其失事后将造成下游灾害或严重影响工程效益的建筑物，如堤坝、泄洪建筑物、输水建筑物、电站厂房及泵站等。属于主要建筑物的单位工程称为主要单位工程。

第十，中间产品：指工程施工中使用的砂石骨料、石料、混凝土拌合物、砂浆拌合物、混凝土预制构件等土建类工程的成品及半成品。

第十一，见证取样：在监理单位或项目法人监督下，由施工单位有关人员现场取样，并送到具有相应资质等级的工程质量检测机构所进行的检测。

第十二，外观质量：通过检查和必要的量测所反映的工程外表质量。

第十三，质量事故：指在水利水电工程建设过程中，由于建设管理、监理、勘测、设计、咨询、施工、材料、设备等原因造成工程质量不符合国家和行业相关标准及合同约定的质量标准，影响工程使用寿命和对工程安全运行造成隐患与危害的事件。

第十四，质量缺陷：指对工程质量有影响，但小于一般质量事故的质量问题。

（二）水利水电工程施工质量检验的要求

1.施工质量检验的基本要求

第一，承担工程检测业务的检测机构应具有行政主管部门颁发的资质证书。

第二，工程施工质量检验中使用的计量器具、试验仪器仪表及设备应定期进行检定，并具备有效的检定证书。国家规定需强制检定的计量器具应经县级以上计量行政部门认定的计量检定机构或其授权设置的计量检定机构进行检定。

第三，检测人员应熟悉检测业务，了解被检测对象性质和所用仪器设备性能，经考核合格后，持证上岗。参与中间产品及混凝土（砂浆）试件质量资料复核的人员应具有工程师以上工程系列技术职称，并从事过相关试验工作。

第四，工程质量检验项目和数量应符合《单元工程评定标准》规定。工程质量检验方法，应符合《单元工程评定标准》和国家及行业现行技术标准的有关规定。

第五，工程项目中如遇《单元工程评定标准》中尚未涉及的项目质量评定标准，其质量标准及评定表格，由项目法人组织监理、设计及施工单位按水利部有关规定进行编制和报批。

第六，工程中永久性房屋、专用公路、专用铁路等项目的施工质量检验与评定可按相应行业标准执行。

第七，项目法人、监理、设计、施工和工程质量监督等单位根据工程建设需要，可委托具有相应资质等级的水利工程质量检测机构进行工程质量检测。施工单位自检性质的委托检测项目及数量，按《单元工程评定标准》及施工合同约定执行。对已建工程质量有重大分歧时，由项目法人委托第三方具有相应资质等级的质量检测机构进行检测，检测数量视需要确定，检测费用由责任方承担。

第八，对涉及工程结构安全的试块、试件及有关材料，应实行见证取样。见证取样资料由施工单位制备，记录应真实齐全，参与见证取样人员应在相关文件上签字。

第九，工程中出现检验不合格的项目时，按以下规定进行处理：原材料、中间产品一次抽样检验不合格时，应及时对同一取样批次另取2倍数量进行检验。如仍不合格则该批次原材料或中间产品应当定为不合格品，不得使用。单元（工序）工程质量不合格时，应按合同要求进行处理或返工重做，并经重新检验且合格后方可进行后续工程施工。混凝土（砂浆）试件抽样检验不合格时，应委托具有相应资质等级的质量检测机构对相应工程部位进行检验。如仍不合格，由项目法人组织有关单位进行研究，并提出处理意见。工程完工后的质量抽检不合格，或其他检验不合格的工程，应按有关规定进行处理，合格后才能进行验收或后续工程施工。

2.新规程对施工过程中参建单位的质量检验职责的主要规定

新规程对施工过程中参建单位的质量检验职责进行了明确规定，要求各参建单位必须建立健全的质量管理体系，明确各自的质量责任。施工单位须对施工质量全面负责，严格执行施工技术标准和规范，进行自检、互检和专检，确保施工过程中的每一环节都符合质量要求。监理单位则负责对施工过程进行监督和检查，对施工单位的质量控制活动进行审核，确保施工质量达到设计和规范要求。设计单位须提供准确的设计文件和施工图纸，对施工过程中的设计变更和质量问题提供技术支持。材料供应单位要保证所供材料、设备和构件符合质量标准，配合施工单位进行材料进场检验。此外，所有参建单位都应参与到项目的质量评定和验收中，确保工程项目的整体质量符合合同和规范要求。新规程强调了质量记录和文件管理的重要性，要求各参建单位对质量检验活动进行详细记录，形成完整的质量档案，以便于质量追溯和持续改进。

3.水利水电工程施工质量评定

质量评定时，应按从低层到高层的顺序进行，这样可以从微观上按照施工工序和有关规定，在施工过程中把好质量关，由低层到高层逐级进行工程质量控制和质量检验。其评定的顺序是单元工程、分部工程、单位工程、工程项目。新规程规定水利水电工程施工质量等级分为"合格""优良"两级。合格等级是工程验收标准，优良等级是为工程项目质量创优而设置的。

4.新规程水利水电工程施工质量等级评定的主要依据

第一，国家及相关行业技术标准。

第二，《单元工程评定标准》。

第三，经批准的设计文件、施工图纸、金属结构设计图样与技术条件。设计修改通知书、厂家提供的设备安装说明书及有关技术文件。

第四，工程承发包合同中约定的技术标准。

第五，工程施工期及试运行期的试验和观测分析成果。

（三）新规程有关施工质量合格标准

1.单元（工序）工程施工质量合格标准

单元工程按工序划分情况，分为划分工序单元工程和不划分工序单元工程。

划分工序的单元工程进行施工质量评定，应先进行其各工序的施工质量评定，在工序验收评定合格和施工项目实体质量检验合格的基础上，进行单元工程施工质量验收评定。不划分工序的单元工程的施工质量验收评定，在单元工程中所包含的检验项目检验合格和施工项目实体质量检验合格的基础上进行。工序和单元工程施工质量等各类项目的检验，应采用随机布点和监理工程师现场指定区位相结合的方式进行。

第一，单元（工序）工程施工质量评定标准按照《单元工程评定标准》或合同约定的合格标准执行。

工序施工质量评定合格的标准如下：主控项目，检验结果应全部符合本标准的要求；一般项目，逐项应有70%及以上的检验点合格，且不合格点不应集中；各项报验资料应符合《单元工程评定标准》要求。

划分单元（工序）工程施工质量评定合格的标准如下：各工序施工质量验收评定应全部合格；各项报验资料应符合《单元工程评定标准》要求。

不划分单元（工序）工程施工质量评定合格的标准如下：主控项目，检验结果应全部符合本标准的要求；一般项目，逐项应有70%及以上的检验点合格，且不合格点不应集中；各项报验资料应符合《单元工程评定标准》要求。

第二，单元（工序）工程质量达不到合格标准时，应及时处理。处理后的质量等级按下列规定重新确定：全部返工重做的，可重新评定质量等级；经加固补强并经设计和监理单位鉴定能达到设计要求时，其质量评为合格；处理后的工程部分质量指标仍达不到设计要求时，经设计复核，项目法人及监理单位确认能满足安全和使用功能要求的，可不再进行处理；经加固补强后改变了外形尺寸或造成工程永久性缺陷的，经项目法人、监理及设计单位确认能基本满足设计要求的，其质量可定为合格，但应按规定进行质量缺陷备案。

2.分部工程施工质量合格标准

第一，所含单元工程的质量全部合格。质量事故及质量缺陷已按要求处理，并经检验合格。

第二，原材料、中间产品及混凝土（砂浆）试件质量全部合格，金属结构及启闭机制造质量合格、机电产品质量合格。

3.单位工程施工质量合格标准

第一，所含分部工程质量全部合格。

第二，质量事故已按要求进行处理。

第三，工程外观质量得分率达到70%以上。

第四，单位工程施工质量检验与评定资料基本齐全。

第五，工程施工期及试运行期，单位工程观测资料分析结果符合国家和行业技术标准及合同约定的标准要求。

4.工程项目施工质量合格标准

第一，单位工程质量全部合格。

第二，工程施工期及试运行期，各单位工程观测资料分析结果均符合国家和行业技术标准及合同约定的标准要求。

（四）新规程有关施工质量优良标准

1.单元工程施工质量优良标准

单元工程施工质量优良标准按照《单元工程评定标准》以及合同约定的优良标准执行。全部返工重做的单元工程，经检验达到优良标准时，可评为优良等级。单元工程中的工序分为主要工序和一般工序。

第一，工序施工质量评定优良的标准如下：主控项目，检验结果应全部符合本标准的要求；一般项目，逐项应有90%及以上的检验点合格，且不合格点不应集中；各项报验资料应符合《单元工程评定标准》要求。

第二，划分工序单元工程施工质量评定优良的标准如下：各工序施工质量验收评定应全部合格，其中优良工序应达到50%及以上，且主要工序应达到优良等级；各项报验资料应符合《单元工程评定标准》要求。

第三，不划分工序单元工程施工质量评定优良的标准如下：主控项目，检验结果应全部符合本标准的要求；一般项目，逐项应有90%及以上的检验点合格，且不合格点不应集中；各项报验资料应符合《单元工程评定标准》要求。

2.分部工程施工质量优良标准

第一，所含单元工程质量全部合格，其中70%以上达到优良等级，主要单元工程以及重要隐蔽单元工程（关键部位单元工程）质量优良率达90%以上，且未发生过质量事故。

第二，中间产品质量全部合格。混凝土（砂浆）试件质量达到优良等级（当试件组数小于30时，试件质量合格）。原材料质量、金属结构及启闭机制造质量合格，机电产品质量合格。

3.单位工程施工质量优良标准

第一，所含分部工程质量全部合格，其中70%以上达到优良等级，主要分部工程质量全部优良，且施工中未发生过较大质量事故。

第二，质量事故已按要求进行处理。

第三，外观质量得分率达到85%以上。

第四，单位工程施工质量检验与评定资料齐全。

第五，工程施工期及试运行期，单位工程观测资料分析结果符合国家和行业技术标准以及合同约定的标准要求。

4.工程项目施工质量优良标准

第一，单位工程质量全部合格，其中70%以上单位工程质量达到优良等级，且主要单位工程质量全部优良。

第二，工程施工期及试运行期，各单位工程观测资料分析结果均符合国家和行业技术标准及合同约定的标准要求。

第二节　水利工程进度控制

一、建设项目进度控制概述

（一）工期与进度控制

1.建设工期与合同工期

建设工期是指建设项目从正式开工到全部建成投产或交付使用所经历的时间。建设工期应按日历天数计算，并在总进度计划中明确建设的起止时限。建设工期是建设单位根据工期定额和每个项目的具体情况，在系统、合理地编制进度计划的基础上，经综合平衡确定的。建设项目正式列入计划后，建设工期应严格执行，禁止随意变动。

合同工期是按照业主与承包商签订的施工合同中确定的承包商完成所承包项目的时间。合同工期应按日历天数计算。合同工期一般指从开工日期到合同规定的竣工日期所用的时间，再加上以下情况的工期延长：额外或附加的工作；合同条件中提到的任何误期原因；异常恶劣的气候条件；由发包人造成的任何延误、干扰或阻碍；除去承包人不履行合同或违约或由其负责的以外的其他可能发生的特殊情况。

2.进度控制的概念

要掌握进度控制的概念，首先须搞清楚进度计划，以及进度计划与进度控制的关系。进度计划就是按照项目的工期目标，对项目实施中的各项工作在时间上做出周密安排，它系统地规定了项目的任务、进度和完成任务所需的资源。

在进度计划实施过程中，按照进度计划对整个建设过程实施监督、检查，对出现的实际进度与计划进度之间的偏差，分析原因并采取相应措施，以确保进度目标的实现，这一行为过程称为进度控制。建设工程进度控制的最终目的是确保建设项目按预定的时间动工或提前交付使用，建设工程进度控制的总目标是建设工期。

为了保证建设项目顺利进行，首先需要根据预定目标编制进度计划。进度控制与进度计划是紧密联系且不可分割的。一方面，任何项目的实施都是从计划开始的。进度计划作为项目执行的法典，是项目实施中开展各项工作的基础。系统、周密、合理的进度计划，是项目建设顺利实施的重要基础。如果计划不周、组织不当，就会发生工作脱节、窝工、停工待料、浪费人力、闲置设备以致拖延工期等现象。另一方面，有效的进度控制能够保证进度计划的顺利实现，并纠正进度计划的偏差。如果进度控制不力，就会导致实际进度与计划进度之间出现大的偏差，甚至使计划对实际活动失去指导意义。

建设项目的进度控制是一项系统工程，它涉及勘测设计、施工、土地征用、材料设备供应、设备安装调试、资金筹措等众多内容，各方面的工作都必须围绕着一个主进度有条不紊地进行，因此必须以系统的进度计划来做指导。

由于在工程建设过程中存在着许多影响进度的因素，这些因素往往来自不同的部门和不同的时期，它们对建设工程进度产生着复杂的影响。因此，监理必须事先对影响建设工程进度的各种因素进行调查分析，预测它们对建设工程进度的影响程度，确定合理的进度控制目标，编制可行的进度计划，使工程建设工作始终按计划进行。

（二）影响进度的因素

在工程建设过程中，常见的影响因素如下：

1.发包人因素

比如因发包人使用要求改变而进行设计变更，应提供的施工场地条件不能及时提供或所提供的场地不能满足工程正常需要，不能及时向施工承包单位或材料供应商付款等。

2.勘察设计因素

比如勘察资料不准确，特别是地质资料错误或遗漏；设计内容不完善，规范应用不恰当，设计有缺陷或错误；设计对施工可能性未考虑或考虑不周；施工图纸供应不及时、不配套，或出现重大差错等。

3.施工技术因素

比如施工工艺错误；不合理的施工方案；施工安全措施不当；不可靠技术的应用等。

4.自然环境因素

比如复杂的工程地质条件；不明的水文气象条件、地下埋藏文物的保护、处理；洪水、地震、台风等不可抗力等。

5.社会环境因素

比如节假日交通、市容整顿的限制，临时停水停电、断路以及法律制度变化；经济制裁；战争、骚乱、罢工、企业倒闭等。

6.组织管理因素

比如向有关部门提出各种申请审批手续的延误；合同签订时遗漏条款、表达失当；计划安排不周密，组织协调不力，导致停工待料、相关作业脱节；领导不力，指挥失当，使参加工程建设的各个单位、各个专业、各个施工过程之间交接、配合上发生矛盾等。

7.材料、设备因素

比如材料、构配件、机具、设备供应环节的差错，品种、规格、质量、数量、时间不能满足工程的需要；特殊材料及新材料的不合理使用；施工设备不配套，选型失当、安装失误、有故障等。

8.资金因素

比如有关方拖欠资金，资金不到位，资金短缺；汇率浮动和通货膨胀等。

（三）进度控制的目标

1.按施工阶段分解，突出控制性环节

根据工程项目建设的特点，可把整个施工过程分成若干个施工阶段，逐阶段加以控制，从而保证总工期按期或提前实现，如水利工程中的导截流、基础处理、施工度汛、下闸蓄水、机组发电等施工阶段。

2.按标段分解，明确各分标进度目标

一个建设项目，一般都要分为几个标进行发包，中标的各承包人协调作业，才能保证项目总体进度目标的实现。为了尽量避免或减少各标承包人之间的相互影响和作业干扰，应确定各分标的阶段性进度目标，严格审核各承包人的进度计划，并在计划实施过程中监督各阶段目标的实现。

3.按专业工种分解，确定交接日期

在同专业或同工种的任务之间，要进行综合平衡；在不同专业或不同工种的任务之间，要强调相互之间的衔接配合，要确定相互之间的交接日期。需要强调的是，为了下一道工序按时作业、保证工程进度，应不在本工序造成延误。工序的管理是项目各项管理的基础，监理人只有掌握各道工序的完成质量及时间，才能够控制各分部工程的进度计划。

4.按工程工期及进度目标分解

从关系上说，长期进度计划对短期进度计划有控制作用，短期进度计划是长期进度计划的具体落实与保证。将施工总进度计划分解为逐年、逐季、逐月进度计划，便于监理人对进度的控制。监理人应逐月、逐季、逐年监督承包人的进度计划实施情况。若发现进度偏差，应要求承包人采取措施，尽量将进度拖延偏差在月内解决，月内进度纠偏有困难，再依次考虑季度、年度计划的调整，应尽量保证总进度目标不受影响。

（四）进度控制的主要任务

1.编制施工总进度计划

监理机构应在合同工程开工前依据施工合同约定的工期总目标、阶段性目标和发包人的控制性总进度计划，编制施工总进度计划，并书面通知承包人。

2.发布开工通知

开工通知是具有法律效力的文件。承包人接到的开工通知（开工日期在开工通知中规定），是推算工程完工日期的依据。

3.施工进度计划的审批

施工进度计划是监理机构批准工程开工的重要依据。监理机构应在工程承建合同文件规定的批准期限内，完成对施工单位报送的施工进度计划的审批。

4.实际施工进度的检查与协调

监理机构应随时跟踪检查承包商的现场施工进度，监督承包商按合同进度计划施工，并做好监理日志。对实际进度与进度计划之间的差别应做出具体的分析，从而根据当前施工进度的动态预测后续施工进度的态势，必要时采取相应的控制措施。

第一，监理机构应编制描述实际施工进度状况和用于进度控制的各类图表。

第二，监理机构应督促承包人做好施工组织管理，确保施工资源的投入，并按批准的施工进度计划实施。

第三，监理机构应做好实际工程进度记录以及承包人每日的施工设备人员、原材料的进场记录，并审核承包人的同期记录。

第四，监理机构应对施工进度计划实施的全过程（包括施工准备、施工条件和进度计划的实施情况）进行定期检查，对实际施工进度进行分析和评价，对关键路线的进度实施重点跟踪检查。

第五，监理机构应根据施工进度计划，协调有关参建各方之间的关系，定期召开生产协调会议，及时发现、解决影响工程进度的干扰因素，保证施工项目的顺利进行。

5.施工进度计划的调整

由于各种原因，致使施工进度计划在执行中必须进行实质性修改时，承包人应提出修改的详细说明，并按工程承包合同规定期限事先提出修改的施工进度计划报送监理机构批准。必要时，监理机构也可以按合同文件规定，直接向承包人提出修改指示，要求承包人修改、调整施工进度计划并报监理机构批准。承包人调整施工进度计划，通常需编制赶工措施报告，监理机构审批后发布赶工指示，并督促承包人执行。

当施工进度计划的调整涉及总工期目标、阶段目标、资金使用等较大的变化时，监理机构应提出处理意见报发包人批准。

监理机构应按照施工合同约定处理因赶工引起的费用事宜。

6.停工与复工

由于各种原因，工程施工暂停后，监理机构应督促承包人妥善保护、照管工程和提供安全保障。同时，采取有效措施，积极消除停工因素的影响，创造早日复工条件。当工程具备复工条件时，监理机构应立即向承包人发出复工通知，并督促承包人在复工通知送达后及时复工。

7.提交施工进度报告

监理机构应督促承包人按施工合同约定按时提交月、季、年施工进度报告。

（五）进度控制的措施

为了实施进度控制，监理工程师必须根据建设工程的具体情况，认真制定进度控制措施，以确保建设工程进度控制目标的实现。

1.组织措施

进度控制的组织措施主要包括以下几个方面：

第一，建立进度控制目标体系，明确建设工程现场监理机构中进度控制人员及其职责分工。

第二，建立工程进度报告制度及进度信息沟通网络。

第三，建立进度计划审核制度和进度计划实施中的检查分析制度。

第四，建立进度协调会议制度，包括协调会议举行的时间、地点，以及协调会议的参加人员等。

第五，建立图纸审查、工程变更和设计变更管理制度。

2.技术措施

进度控制的技术措施主要包括以下几个方面：

第一，审查承包商提交的进度计划，使承包商能在合理的状态下施工。

第二，编制进度控制工作细则，指导监理人员实施进度控制。

第三，采用网络计划技术及其他科学适用的计划方法，对建设工程进度实施动态控制。

3.经济措施

进度控制的经济措施主要包括以下几个方面：

第一，及时办理工程预付款及工程进度款支付手续。

第二，对应急赶工给予优厚的赶工费用。

第三，对工期提前给予奖励。

第四，对工程延误收取误期损失赔偿金。

4.合同措施

进度控制的合同措施主要包括以下几个方面：

第一，加强合同管理，协调合同工期与进度计划之间的关系，保证合同中进度目标的实现。

第二，严格控制合同变更，对各方提出的工程变更和设计变更，监理机构应严格审查后再补入合同文件之中。

第三，加强风险管理，在合同中应充分考虑风险因素及其对进度的影响，以及相应的处理方法。

第四，加强索赔管理，公正地处理索赔。

（六）施工阶段进度控制工作细则

施工进度控制工作细则的主要内容如下：

第一，施工进度控制目标分解图。

第二，施工进度控制的主要工作内容和深度。

第三，进度控制人员的责任分工。

第四，与进度控制有关的各项工作时间安排及其工作流程。

第五，进度控制的手段和方法，包括进度检查周期、实际数据的收集、进度报告（表）格式、统计分析方法等。

第六，进度控制的具体措施（包括组织措施、技术措施、经济措施及合同措施等）。

第七，施工进度控制目标实现的风险分析。

第八，尚待解决的有关问题。

二、施工进度计划的审批

（一）施工总进度计划的内容

施工总进度计划的主要内容如下：

1.物资供应计划

为了实现月、周施工计划，对需要的物资必须落实，主要包括机械需要计划，如机械名称、数量、工作地点、入场时间等；主要材料需要计划，如钢筋、水泥、木材、沥青、砂石料等建筑材料的规格、品种及数量；主要预制件的规格、品种及数量等供应计划。

2.劳动力平衡计划

根据施工进度及工程量，安排落实劳动力的调配计划，包括各个时段和工程部位所需劳动力的技术工种、人数、工日数等。

3.资金流量计划

在中标签发日之后，承包商应按合同规定的格式按月提交资金流估算表，估算表应包括承包人计划可从发包人处得到的全部款额，以供发包人参考。

4.技术组织措施计划

根据施工总进度计划及施工组织设计等要求，编制在技术组织措施方面的具体工作计划，如保证完成关键作业项目、实现安全施工等。

5.附属企业生产计划

大、中型土建工程一般有不少附属企业，如金属结构加工厂、预制件厂、混凝土骨料加工厂、钢木加工厂等。这些附属企业的生产是否按计划进行，对保证整个工程的施工进度有重大影响。因此，附属企业的生产计划是工程施工总进度计划的重要组成部分。

（二）施工总进度计划的审查

施工总进度计划应符合发包人提供的资金、施工图纸、施工场地、物资等施工条件。项目监理机构收到施工单位报审的施工总进度计划和阶段性施工进度计划时，应对照本条文所述的内容进行审查，提出审查意见。发现问题时，应以监理通知单的方式及时向发包人提出书面修改意见，并对施工单位调整后的进度计划重新进行审查，发现重大问题时应及时向发包人报告。施工总进度计划经总监理工程师审核签认，并报发包人批准后方可实施。

施工总进度计划一经总监理工程师批准，就作为"合同性进度计划"，对发包人和承包人都具有约束作用，所以监理机构应细致、严格地审核承包商呈报的施工总进度计划。一般审查内容包括以下几个方面：

1.是否符合监理机构提出的施工总进度计划编制要求。

2.在施工总进度计划中有无项目内容漏项或重复的情况。

3.施工总进度计划与合同工期和阶段性目标的响应性和符合性。

4.施工总进度计划中各项目之间逻辑关系的正确性与施工方案的可行性。

5.施工总进度计划中关键线路安排的合理性。

6.人员、施工设备等资源配置计划和施工强度的合理性。

7.原材料、中间产品、工程设备供应计划与施工总进度计划的协调性。

8.本合同工程施工与其他合同工程施工之间的协调性。

9.其他应审查的内容。

（三）施工总进度计划审批的程序

1.承包人应在施工合同约定的时间内向监理机构报送施工总进度计划。

2.监理机构应在收到施工进度计划后及时进行审查，提出明确批复意见。必要时召集由发包人、设计单位参加的施工进度计划审查专题会议，听取承包人的汇报，并对有关问题进行分析研究。

3.如施工进度计划存在问题，监理机构应提出审查意见，交承包人进行修改或调整。

4.审批承包人提交的施工总进度计划或修改、调整后的施工总进度计划。

（四）分阶段、分项目施工进度计划的审批及其资源审核

监理机构应要求承包人依据施工合同约定和批准的施工总进度计划，编制年度施工进度计划，报监理机构审批。另外，根据进度控制需要，监理机构可要求承包人编制季、月或日施工进度计划，以及单位工程或分部工程施工进度计划，报监理机构审批。

监理审批年、季、月施工进度计划的目的，是看其是否满足合同工期和总进度计划的要求。如果承包人计划完成的工程量或工程面貌满足不了合同工期和总进度计划的要求（包括防洪度汛、向后续承包人移交工作面、河床截流、下闸蓄水、工程竣工、机组试运行等），则应要求承包人采取措施，如增加计划完成工程量、加大施工强度、加强管理、改变施工工艺、增加设备等。

一般来说，监理机构在审批季、月进度计划时应注意以下几点：

1.应了解承包人上个计划期完成的工程量和形象面貌。

2.分析承包人所提供的施工进度计划（包括季、月）能否满足合同工期和施工总进度计划的要求。

3.为完成计划所采取的措施是否得当，施工设备、人员能否满足要求，施工管理上有无问题。

4.核实承包商的材料供应计划与库存材料数量，分析是否满足施工进度计划的要求。

5.施工进度计划中所需的施工场地、通道是否能够保证。

6.施工图供应计划是否与进度计划协调。

7.工程设备供应计划是否与进度计划协调。

8.该承包人的施工进度计划与其他承包人的施工进度计划有无相互干扰。

9.为完成施工进度计划所采取的方案对施工质量、施工安全和环保有无影响。

10.计划内容、计划中采用的数据有无错漏之处。

三、实际施工进度的检查

（一）施工进度的检查

通常，监理可采取如下措施了解现场施工进度情况。

1.定期检查承包人的进度报表资料

在合同实施过程中，监理工程师应随时监督、检查和分析承包商的施工日志，其中包括日进度报表和作业状况表。报表的形式可由监理工程师提供或由承包人提供，经监理工程师同意后实施。施工对象不同，报表的内容有所区别。

2.日进度报表

日进度报表一般应包括如下内容：

（1）工程名称

（2）施工工作项目名称

（3）发包人名称

（4）承包人名称

（5）监理单位名称

（6）当日水文、气象记录

（7）工作进展描述

（8）人员使用情况

（9）材料消耗情况

（10）施工设备使用情况

（11）当日发生的重要事件及其处理情况

（12）报表编号及日期

（13）签字

3.施工日志

如果承包人能真实且准确地填写这些进度报表，监理机构就能从中了解到工程进展的实际状况。

为了保证承包人施工记录的真实性，监理机构一般提出要求，施工日志应始终保留在现场，供监理工程师监督、检查。

4.跟踪检查进度执行情况

监理人员进驻施工现场，具体检查进度的实际执行情况，并做好监理日志。为了避免承包人超报完工数量，监理人员有必要进行现场实地检查和监督。在施工现场，监理人员除检查具体的施工活动外，还要注意工程变更对进度计划实施的影响，其中包括以下几个方面：

（1）合同工期的变化

任何合同工期的改变，如竣工日期的延长，都必须反映到实施计划中，并作为强制性的约束条件。

（2）后续工作的变动

有时承包人从自己的利益考虑，未经允许改变一些后续施工活动。一般来说，只要这些变动对整个施工进度的关键控制点无影响，监理人员可不加干涉，但是，如果变动大的话，则可能影响到施工活动间正常的逻辑关系，因而对总进度产生影响。因此，现场监理人员要严格监督承包人按计划实施，避免类似情况的发生。

（3）材料供应日期的变更

现场监理人员必须随时了解材料物资的供应情况，了解现场是否出现由于材料供应不上而造成施工进度拖延的现象。

施工日志是监理机构进行施工合同管理的重要记录，应正式整理存档。其作用如下：掌握现场情况，作为进度分析的依据；处理合同问题中重要的同期记录；监理机构内部逐级通报进度情况的基础依据，也是监理人向发包人编报进度报告、协助发包人向贷款银行编报进度报告的依据，是审查承包人进度报告的依据。

5.定期召开生产会议

监理人员组织现场施工负责人召开现场生产会议，是获得现场施工信息的另一种重要途径。同时，通过这种面对面的交谈，监理人员还可以了解到施工活动潜在的问题，以便及时采取相应的措施。

（二）实际施工进度与计划进度的比较和分析

1.横道图法

横道图是一种简单、直观的进度控制表图。施工进度图编制完成后，可编制相应的人员、材料、设备、图纸和财务收支等各种计划表。

横道图法虽有简单、形象直观、易于掌握、使用方便等优点，但由于其以横道图计划为基础，因而带有不可克服的局限性。在横道计划中，各项工作之间的逻辑关系表述不明确，关键工作和关键线路无法确定。一旦某些工作实际进度出现偏差，难以预测其对后续工作和工程总工期的影响，也就难以确定相应的进度计划调整方法。因此，横道图法主要用于工程项目中某些工作实际进度与计划进度的局部比较。

2.工程进度曲线法

横道式进度表在计划与实际的对比上，很难准确地表示出实际进度较计划进度超前或延迟的程度，特别对非匀速施工情况更难表达。为了准确掌握工程进度状况，有效地进行进度控制，可利用工程施工进度曲线。

（1）S曲线比较法

S曲线比较法是以横坐标表示时间、纵坐标表示累计完成工程量（也可用累计完成量的百分率表示），绘制的一条按计划时间累计完成工程量的曲线。然后将工程项目实施过程中各检查时间实际累计完成工程量也绘制在同一坐标系中，进行实际进度与计划进度比较的一种方法。

从整个工程项目实际进展全过程看，单位时间投入的资源量一般是开始和结束时较少，中间阶段较多。所以，随工程进展累计完成的任务量则应呈S形变化。因其形似英文字母"S"而得名。在S形施工进度曲线上，除去施工初期及末期的不可避免的影响所产生的凹形部分及凸形部分外，中间的施工强度应尽量呈直线才是合理的计划。

（2）香蕉曲线比较法

香蕉曲线是由两条S曲线组合而成的闭合曲线。由S曲线比较法可知，工程累计完成的任务量与计划时间的关系，可以用一条S曲线表示。对于一个工程项目的网络计划来说，如果以其中各项工作的最早开始时间安排进度而绘制S曲线，称为ES曲线；如果以其中各项工作的最迟开始时间安排进度而绘制S曲线，称为LS曲线。两条S曲线具有相同的起点和终点，因此两条曲线是闭合的。在一般情况下，ES曲线上的其余各点均落在LS曲线的相应点的上方。由于该闭合曲线形似香蕉，故称为香蕉曲线。

香蕉曲线比较法能直观地反映工程项目的实际进展情况，并可以获得比S曲线更多的信息。其主要作用如下：

第一，合理安排工程项目进度计划。如果工程项目中的各项工作均按其最早开始时间安排进度，将导致项目的投资加大；而如果各项工作都按其最迟开始时间安排进度，则一旦受到进度影响因素的干扰，又将导致工期拖延，使工程进度风险加大。因此，一个科学合理的进度计划优化曲线应处于香蕉曲线所包含的区域之内。

第二。定期比较工程项目的实际进度与计划进度。在工程项目的实施过程中，根据每次检查收集到的实际完成任务量，绘制出实际进度S曲线，便可以与计划进度进行比较。工程项目实施进度的理想状态是任一时刻工程实际进展点应落在香蕉曲线图的范围之内。如果工程实际进展点落在ES曲线的上方，表明此刻实际进度比各项工作按其最早开始时间安排的计划进度超前；如果工程实际进展点落在LS曲线的下方，则表明此刻实际进度比各项工作按其最迟开始时间安排的计划进度拖后。

第三，预测后期工程进展趋势。利用香蕉曲线可以对后期工程的进展情况进行预测。

3.前锋线比较法

在时标网络计划图中，在原时标网络计划上，从检查时刻的时标点出发，用点画线依次将各项工作实际进展位置点连接而成的折线称前锋线。前锋线比较法是通过实际进度前锋线与原进度计划中各工作箭线交点的位置来判断工程实际进度与计划进度的偏差，进而判定该偏差对后续工作及总工期影响程度的一种方法。

4.列表比较法

当工程进度计划用非时标网络图表示时，可以采用列表比较法进行实际进度与计划进度的比较。这种方法是记录检查日期应该进行的工作名称及其已经作业的时间，然后列表计算有关时间参数，并根据工作总时差进行实际进度与计划进度比较的方法。

5.形象进度图法

形象进度图是把工程计划以建筑物形象进度来表达的一种控制方法。这种方法直接将工程项目进度目标和控制工期标注在工程形象图的相应部位，故其非常直观，进度计划一目了然，它特别适用于施工阶段的进度控制。此法修改调整进度计划亦极为简便，只需修改日期、进程，而形象图保持不变。

（三）分析进度偏差对后续工作及总工期的影响

1.分析出现进度偏差的工作是否为关键工作

如果出现进度偏差的工作位于关键线路上，即该工作为关键工作，则无论其偏差有多大，都将对后续工作和总工期产生影响，必须采取相应的调整措施；如果出现偏差的工作是非关键工作，则需要根据进度偏差值与总时差和自由时差的关系做进一步分析。

2.分析进度偏差是否超过总时差

如果工作的进度偏差大于该工作的总时差，则此进度偏差必将影响其后续工作和总工期，必须采取相应的调整措施；如果工作的进度偏差未超过该工作的总时差，则此进度偏差不影响总工期。至于对后续工作的影响程度，还需要根据偏差值与其自由时差的关系做进一步分析。

3.分析进度偏差是否超过自由时差

如果工作的进度偏差大于该工作的自由时差，则此进度偏差将对其后续工作产生影响，此时应根据后续工作的限制条件确定调整方法；如果工作的进度偏差未超过该工作的自由时差，则此进度偏差不影响后续工作，因此原进度计划可以不做调整。

在施工进度检查、监督中，监理机构如果发现实际进度较计划进度拖延，一方面应分析这种偏差对工期的影响，另一方面应分析造成进度拖延的原因。若工程拖延属于业主责任或风险范围，则在保留承包人工期索赔权利的情况下，经发包人同意，批准工程延期或发出加速施工指令，同时商定由此给承包人造成的费用补偿；若属于承包人自己的责任或风险造成的进度拖延，则监理可视拖延程度及其影响，发出相应级别的赶工指令，要求承包人加快施工进度，必要时应调整其施工进度计划，直到监理满意为止。需要强调的是，当进度拖延时，监理切记不能不区分责任，一味指责承包人施工进度太慢，要求加快进度。这样处理问题极易中伤承包人的积极性和合作精神，对工程进展是无益处的。事实上，若进度拖延是属于发包人责任或风险造成的，即使监理工程师没有主动明确这一点，事后承包人一般也会通过索赔得到利益补偿。

四、进度计划实施中的调整和协调

（一）进度计划的调整方式

1.改变某些工作间的逻辑关系

当工程项目实施中产生的进度偏差影响到总工期，且有关工作的逻辑关系允许改变时，可以改变关键线路和超过计划工期的非关键线路上的有关工作之间的逻辑关系，达到缩短工期的目的。例如，将顺序进行的工作改为平行作业、搭接作业及分段组织流水作业等，都可以有效地缩短工期。

2.缩短某些工作的持续时间

这种方法不改变工程项目中各项工作之间的逻辑关系，而通过采取增加资源投入、提高劳动效率等措施来缩短某些工作的持续时间，使工程进度加快，以保证按计划工期完成该工程项目。这些被压缩持续时间的工作是位于关键线路和超过计划工期的非关键线路上的工作。同时，这些工作是其持续时间可被压缩的工作。这种调整方法通常可以在网络图上直接进行。其调整方法视限制条件及对其后续工作的影响程度的不同而有所区别，一般可分为以下两种情况：

（1）网络计划中某项工作进度拖延的时间已超过其自由时差但未超过其总时差

如前所述，此时该工作的实际进度不会影响总工期，而只对其后续工作产生影响。因此，在进行调整前，需要确定其后续工作允许拖延的时间限制，并以此作为进度调整的限制条件。该限制条件的确定常常较复杂，尤其是当后续工作由多个平行的承包单位负责实施时更是如此。后续工作如不能按原计划进行，在时间上产生的任何变化都可能使合同不能正常履行，而导致蒙受损失的一方提出索赔。因此，寻求合理的调整方案，把进度拖延对后续工作的影响降到最低是监理工程师的一项重要工作。

（2）网络计划中某项工作进度拖延的时间超过其总时差

如果网络计划中某项工作进度拖延的时间超过其总时差，则无论该工作是否为关键工作，其实际进度都将对后续工作和总工期产生影响。此时，进度计划的调整方法又可分为以下三种情况：

①如果工程总工期不允许拖延，工程项目必须按照原计划工期完成，则只能采取缩短关键线路上后续工作持续时间的方法来达到调整计划的目的。

②如果工程总工期允许拖延，则此时只需以实际数据取代原计划数据，并重新绘制实

际进度检查日期之后的简化网络计划即可。

③如果工程总工期允许拖延，但允许拖延的时间有限，则当实际进度拖延的时间超过此限制时，也需要对网络计划进行调整，以便满足要求。具体的调整方法是以总工期的限制时间作为规定工期，对检查日期之后尚未实施的网络计划进行工期优化，即通过缩短关键线路上后续工作持续时间的方法来使总工期满足规定工期的要求。

以上三种情况均是以总工期为限制条件来调整进度计划的。值得注意的是，当某项工作实际进度拖延的时间超过其总时差而需要对进度计划进行调整时，除需考虑总工期的限制条件外，还应考虑网络计划中后续工作的限制条件，特别是对总进度计划的控制更应注意这一点。因为在这类网络计划中，后续工作也许就是一些独立的合同段。时间上的任何变化，都会带来协调上的麻烦或者引起索赔。因此，当网络计划中某些后续工作对时间的拖延有限制时，同样需要以此为条件，按前述方法进行调整。

3.网络计划中某项工作进度超前

监理机构对建设工程实施进度控制的任务就是在工程进度计划的执行过程中，采取必要的组织协调和控制措施，以保证建设工程按期完成。在建设工程计划阶段所确定的工期目标，往往是综合考虑了各方面因素而确定的合理工期。因此，时间上的任何变化，无论是进度拖延还是超前，都可能造成其他目标的失控。例如，在一个建设工程施工总进度计划中，由于某项工作的进度超前，致使资源的需求发生变化，而打乱了原计划对人、材、物等资源的合理安排，亦将影响资金计划的使用和安排，特别是当由多个平行的承包单位进行施工时，由此引起后续工作时间安排的变化，势必给监理的协调工作带来许多麻烦。因此，如果建设工程实施过程中出现进度超前的情况，进度控制人员必须综合分析进度超前对后续工作产生的影响，并同承包单位协商，制订合理的进度调整方案，以确保工期总目标的顺利实现。

（二）施工进度的控制

1.在原计划范围内采取赶工措施

（1）在年度计划内调整

此种调整是最常见的。当月计划未完成，一般要求在下个月的施工计划中补上。如果由于某种原因（例如发生大的自然灾害，或材料、设备、资金未能按计划要求供应等），计划拖欠较多时，则要求在季度或年度的其他月份内调整。根据以往的经验，承包人报送的月（或季）施工进度计划，往往会出现两种情况，在审查时应注意：

①不管过去月份完成情况如何，在每月的施工进度计划中照抄年度计划安排的相应月的数量。这种事例不少，是一种图省事的偷懒做法，不符合进度控制要求。监理人在审批时应指出其存在的问题，并结合实际（采取各种有效措施后能够达到的进度），下达下月

（或下一季度）的施工进度计划。

②不按年度施工进度计划的要求，而按当月（或季）达到的或预计比较易于达到的进度来安排下一月（或季）的施工进度计划。例如有的承包人认为，按年度计划调整月（季）计划时需要有较多的投入，施工难度较大，完成无把握，不如把目标定低一点比较容易实现。

（2）在合同工期内的跨年度调整

工程的年度施工进度计划是报上级主管部门审查批准的，大工程还需经国家批准，因此是属于国家计划的一部分，应有其严肃性，当年计划应力争在当年内完成。只有在出现意外情况（例如发生超标准洪水，造成很大损失，出现严重的不良地质情况，材料、设备、资金供应等无法保证时），承包人通过各种努力仍难完成年度计划时，允许将部分工程施工进度后延。在这种情况下，调整当年剩余月份的施工进度计划时应注意：

①合同书上规定的工程控制日期不能变，因为它是关键线路上的工期，如河床截流、向下一工序的承包人移交工作面、某项工程完工等，若拖后很可能引起发电工期顺延，还可能引起下一工序承包人的索赔。

②影响上述工程控制工期的关键线路上的施工进度应保证，尽可能只调整非关键线路上的施工进度。

当年的月（季）施工进度计划调整需跨年度时，应结合总进度计划调整考虑。

2.超过合同工期的进度调整

当进度拖延造成的影响在合同规定的控制工期内调整计划已无法补救时，只有调整控制工期。这种情况只有在万不得已时才允许。调整时应注意以下两个方面：

第一，先调整投产日期外的其他控制日期。例如，截流日期拖延可考虑以加快基坑施工进度来弥补，厂房土建工期拖延可考虑以加快机电安装进度来弥补，开挖时间拖延可考虑以加快浇筑进度来弥补，以不影响第一台机组发电时间为原则。

第二，经过各方认真研究讨论，采取各种有效措施仍无法保证合同规定的总工期时，可考虑将工期后延，但应在充分论证的基础上报上级主管部门审批。进度调整应使竣工日期推迟最短。

3.工期提前的调整

在进行项目进度调整时，应充分考虑如下各方面因素的制约：

第一，后续施工项目合同工期的限制。

第二，进度调整后，给后续施工项目会不会造成赶工或窝工而导致其工期和经济上遭受损失。

第三，材料物资供应需求的制约。

第四，劳动力供应需求的制约。

第五，工程投资分配计划的制约。

第六，外界自然条件的制约。

第七，施工项目之间逻辑关系的制约。

第八，进度调整引起的支付费率调整。

（三）监理的协调

1.承包人之间的进度协调

（1）工程总进度协调

工程总进度协调的主要任务是把每个承包人的施工组织设计、单项工程施工措施和年、季、月施工进度计划纳入总进度计划协调中，以保证总目标的实现。

（2）施工干扰的协调

承包人之间发生施工干扰，往往表现在下列几个方面：

①几家承包人共用一条交通道路的协调。

②几家承包人交叉使用一个场地的协调。

③承包人之间交叉使用对方的施工设备和临时设施的协调。

④某一承包人损坏了另一承包人的临时设施的协调。

⑤两标紧邻部位的施工干扰的协调。

⑥两标施工场地和工作面移交的协调。

2.承包人与发包人之间的协调

合同文件在规定承包人应完成的任务的同时，也规定了发包人应该提供的施工条件，如承包人进场时的水、电、路、通信、场地、施工过程中涉及的进一步应给出的场地、工程设备、图纸（由发包人委托设计单位完成）、资金等。有时发包人与承包人之间在上述方面由于某种原因发生冲突，监理机构应做好协调工作。

3.图纸供应的协调

大多数情况下，合同规定工程的施工图纸由发包人提供（发包人通过设计承包合同委托设计单位提供），由监理机构签发，提交承包人实施。为了避免施工进度与图纸供应的不协调，合同一般规定，在承包人提交施工进度计划的同时，提交图纸供应计划，以得到监理的同意。在施工计划实施过程中，监理应协调好施工进度和设计单位的设计进度。当实际供图时间与承包商的施工进度计划发生矛盾时，原则上应尽量满足施工进度计划的要求；若设计工作确有困难，应对施工进度计划做适当调整。

第四章　爆破工程施工技术

第一节　爆破工程概论

爆破工程是指利用炸药进行土、石方开挖，基础、建筑物、构筑物的拆除或破坏的一种施工方法。炸药的种类很多，在建筑工程施工中常用的炸药主要有硝铵炸药、硝化甘油炸药及黑火药等。

一、分类

根据爆破对象和爆破作业环境的不同，爆破工程可以分为以下几类：

1.岩土爆破

岩土爆破是指以破碎和抛掷岩土为目的的爆破作业，如矿山开采爆破、路基开挖爆破、巷（隧）道掘进爆破等。岩土爆破是最普遍的爆破技术。

2.拆除爆破

拆除爆破是指采取控制有害效应的措施，以拆除地面和地下建筑物、构筑物为目的的爆破作业，如爆破拆除混凝土基础，烟囱、水塔等高耸构筑物，楼房、厂房等建筑物等。拆除爆破的特点是爆区环境复杂，爆破对象复杂，起爆技术复杂。要求爆破作业必须有效地控制有害效应，有效地控制被拆建（构）筑物的坍塌方向、堆积范围、破坏范围和破碎程度等。

3.金属爆破

金属爆破是指爆破破碎、切割金属的爆破作业。与岩石相比，金属具有密度大、抗波阻高、抗拉强度高等特点，给爆破作业带来很大的困难和危险因素，因此金属爆破要求具备更可靠的安全条件。

4.爆炸加工

爆炸加工是指利用炸药爆炸的瞬态高温和高压作用，使物料高速变形、切断、相互复合（焊接）或物质结构相变的加工方法，包括爆炸成形、焊接、复合、合成金刚石、硬化与强化、烧结、消除焊接残余应力、爆炸切割金属等。

5.地震勘探爆破

地震勘探爆破是利用埋在地下的炸药爆炸释放出的能量在地壳中产生的地震波来探测

地质构造和矿产资源的一种物探方法。炸药在地下爆炸后在地壳中产生地震波,当地震波在岩石中传播过程中遇到岩层的分界面时便产生反射波或折射波,利用仪器将返回地面的地震波记录下来,根据波的传播路线和时间,确定发生反射波或折射波的岩层界面的埋藏深度和产状,从而分析地质构造及矿产资源情况。

6.油气井爆破

钻完井后,经过测井,确定地下含油气层的准确深度和厚度,在井中下钢套管,将水泥注入套管与井壁之间的环形空间,使环形空间全部封堵死,防止井壁坍塌,不同的油气层和水层之间也不会互相窜流。为了使地层中油气流到井中,在套管、水泥环及地层之间形成通道,需要进行射孔爆破。一般条件下应用聚能射孔弹进行射孔,起爆时,金属壳在锥形中轴线上形成高速金属粒子流,速度可达6000~7000m/s,具有强大的穿透力,能将套管、水泥环射透并射进地层一定深度,形成通道,使地层中的油气流到井中。

7.高温爆破

高温爆破是指高温热凝结构爆破,在金属冶炼作业中,由于某种原因,常常会在炉壁或底部产生炉瘤和凝结物,如果不及时清理,将会大大缩小炉腔的容积,影响冶炼正常生产。用爆破法处理高温热凝结构时,由于冶炼停火后热凝结构温度依然很高,可达800~1000℃,必须采用耐高温的爆破材料,采用普通爆破材料时,必须做好隔热和降温措施。爆破时还应保护炉体等,对爆破产生的震动、空气冲击波和飞散物进行有效控制。

8.水下爆破

凡爆源置于水域制约区内与水体介质相互作用的爆破统称为水下爆破,包括近水面爆破、浅水爆破、深水爆破、水底裸露爆破、水底钻孔爆破、水下硐室爆破及挡水体爆破等。由于水下爆破的介质特性和水域环境与地面爆破条件不同,因此爆破作用特性、爆破物理现象、爆破安全条件和爆破施工方法等与地面爆破有很大差异。水下爆破技术广泛用于航道疏通、港口建设、水利建设等诸多领域。

9.其他爆破

其他爆破包括农林爆破、人体内结石爆破、森林灭火爆破等。

二、理论

炸药在空气中、水中爆炸作用的理论基础是流体动力学。对于球形、圆柱形和平板状炸药,爆炸荷载通常只按一维问题考虑。空气中接触爆破,研究炸药爆炸后爆轰波作用于紧贴固壁的压力和冲量。空气中非接触爆破,研究炸药对不同距离目标的破坏、杀伤作用。

水中爆破,主要研究冲击波、气泡和二次压力波对目标的破坏作用。

炸药在土石中的爆破理论，基于人们对爆破现象和机理的不同认识，有多种观点，大体可归纳为三类：

能量平衡理论观点认为，内部炸药爆炸所产生的能量，主要作用是克服土石介质自重和分子间黏聚力；在平地爆破形成的漏斗坑容积与炸药量成正比。当只有一个自由面，要求爆破后形成的漏斗坑有一定的直径和深度时（平地抛掷爆破），所需炸药量与最小抵抗线（炸药中心至自由面的最短距离）的三次方成正比，并与炸药品种、土石类别、填塞条件等因素有关。当有两个自由面时（露天采石爆破），如最小抵抗线不大，所需炸药量与最小抵抗线的二次方成正比；如最小抵抗线较大，所需炸药量与最小抵抗线的三次方成正比；其他影响因素与一个自由面相同。

流体动力学理论观点认为，将土石介质看作是不可压缩的理想流体，认为内部炸药爆炸所产生的能量，可在瞬间传给周围介质使之运动，故可引用流体动力学基本理论和运动方程解决爆破参数的计算问题，由此推导得出土石方爆破药量的计算公式。

应力波和气体共同作用理论观点认为，内部炸药爆炸所产生的高温高压气体，猛烈冲击周围土石，从而在岩体中激起呈同心球状传播的应力波，产生巨大压力，当压力超过土石强度时，土石即被破坏。应力波属动态作用，开始以冲击波形式出现，经做功后衰减为弹性波。爆炸气体的膨胀过程近似静态作用，主要加强土石质点径向移动，并促使初始裂缝扩展。因此，根据土石性质的差异，采用相应的合理的技术措施，就能有效地满足不同的爆破要求。

三、爆破过程

（一）应力波扩展阶段

在高压爆炸产物的作用下，介质受到压缩，在其中产生向外传播的应力波。同时，药室中爆炸气体向四周膨胀，形成爆炸空腔。空腔周围的介质在强高压的作用下被压实或破碎，进而形成裂缝。介质的压实或破碎程度随距离的增大而减轻。应力波在传播过程中逐渐衰减，爆炸空腔中爆炸气体压力随爆炸空腔的增大也逐渐降低。应力波传播到一定距离时就变成一般的塑性波，即介质只发生塑性变形，一般不再发生断裂破坏。应力波进一步衰变成弹性波，相应区域内的介质只发生弹性变形。从爆心起直到这个区域，称为爆破作用范围，再往外是爆破引起的地震作用范围。

（二）鼓包运动阶段

如药包的埋设位置同地表距离不太大，应力波传到地表时尚有足够的强度，发生反射后，就会造成地表附近介质的破坏，产生裂缝。此后，应力波在地表和爆炸空腔间进行多次复杂的反射和折射，会使由空腔向外发展的裂缝区和由地表向里发展的裂缝区彼此连通形成一个逐渐扩大的破坏区。在裂缝形成过程中，爆炸产物会渗入裂缝，加大裂缝的发展，影响这一破坏区内介质的运动状态。如果破坏区内的介质尚有较大的运动速度，或爆炸空腔中尚有较大的剩余压力，则介质会不断向外运动，地表面不断鼓出，形成所谓鼓包。由各瞬时鼓包升起的高度可求出鼓包运动的速度。

（三）抛掷回落阶段

在鼓包运动过程中，尽管鼓包体内介质已破碎，裂缝很多，但裂缝之间尚未充分连通，仍可把介质看作是连续体。随着发展，裂缝之间逐步连通并终于贯通直到地表。于是，鼓包体内的介质便分块做弹道运动，飞散出去并在重力作用下回落。鼓包体内介质被抛出后，地面形成一个爆坑。

四、安全措施

1.进入施工现场的安全措施

所有人员必须戴好安全帽。

2.人工打炮眼的施工安全措施

第一，打眼前应对周围松动的土石进行清理，若用支撑加固时，应检查支撑是否牢固。

第二，打眼人员必须精力集中，锤击要稳、准，并击入钎中心，严禁互相面对面打锤。

第三，随时检查锤头与柄连接是否牢固，严禁使用木质松软，有节疤、裂缝的木柄，铁柄和锤平整，不得有毛边。

3.机械打炮眼的安全措施

第一，操作中必须精力集中，发现不正常的声音或震动，应立即停机进行检查，并及时排除故障，才准继续作业。

第二，换钎、检查风钻加油时，应先关闭风门，才准许进行。在操作中不得碰触风门，以免发生伤亡事故。

第三，钻眼机具要扶稳，钻杆与钻孔中心必须在一条直线上。

第四，钻机运转过程中，严禁用身体支撑风钻的转动部分。

第五，经常检查风钻有无裂纹，螺栓孔有无松动，长套和弹簧有无松动、是否完整，确认无误后才可使用，工作时必须戴好风镜、口罩和安全帽。

五、常见事故

在爆破工程中，早爆、拒爆与迟爆是最为常见的事故。

（一）早爆

早爆是人员未完全撤出工作面时发生的爆炸。这类事故很可能造成人员伤亡，发生的主要原因是：器材、操作问题，发爆器管理不严，爆破信号不明确，雷电和杂散电流的影响。

早爆防治措施：

第一，选用质量好的雷管。保证质量，安全第一。

第二，及时处理拒爆。不要从炮眼中取出原放置的引药，或从引药中拉雷管，以免爆炸。

第三，严格检查发爆器，尤其对使用已久的发爆器进行检查，发现问题及时维修或更换。加以警戒，待人员全部撤离危险区后才能开始充电。

第四，采取措施防止雷电、杂散电流。

（二）拒爆

爆破网络连接后，按程序进行起爆，有部分或全部雷管及炸药的爆破器材未发生爆炸的现象叫作拒爆。

防止拒爆的措施：

第一，检查雷管、炸药、导爆管、电线的质量，凡不合格的一律报废。在常用的串联网路中，应用电阻相近的电雷管使它们的点燃起始能数值比较接近，以免由于起始能相差过大而不能全爆。

第二，用能力足够的发爆器并保持其性能完好。领取发爆器要认真检查性能，防止摔打，及时更换电池。

第三，按规定装药。装药时用木或竹制炮棍轻轻将药推入，防止损伤和折断雷管脚线。

（三）迟爆

导火索从点火到爆炸的时间大于导火索长度与燃速的乘积，称为迟爆。导火索延迟爆炸的事故时有发生，危害很大。

防止迟爆的措施有：

第一，加强导火索、火雷管的选购、管理和检验，建立健全入库和使用前的检验制度，不用断药、细药的导火索。

第二，操作中避免导火索过度弯曲或折断。

第三，用数炮器数炮或专人听炮响声进行数炮，发现或怀疑有拒爆时，加倍延长进入爆破区的时间。

第四，必须加强爆破器材的检验。不合格的器材不能用于爆破工程，特别是起爆药包和起爆雷管，应经过检验后方可使用。

第二节　爆破原理与方法

一、爆破原理

（一）爆破漏斗试验法

爆破漏斗试验法是一种在岩土工程中用于评估爆破效果和确定爆破参数的实验方法，通过在岩石中进行控制爆破并测量爆破后形成的漏斗坑的几何尺寸，来分析岩石的破碎程度和爆破能量的分布。该方法的基本步骤包括在岩石中钻孔并填充炸药，然后进行起爆，爆炸后形成的漏斗坑的形状和大小会被精确测量，漏斗坑的深度、直径和体积等参数与爆破能量、炸药类型、装药量以及岩石性质等因素密切相关。通过对比不同条件下的漏斗坑尺寸，可以优化爆破设计，提高爆破效率和安全性。爆破漏斗试验法不仅适用于矿山开采、隧道开挖等工程领域，也常用于研究岩石力学特性和爆破技术的教学和科研中。

（二）爆后检查

1.爆后检查等待时间

第一，露天浅孔爆破，爆后应超过5min，方准许检查人员进入爆破作业地点；如不能确认有无盲炮，应经15min后才能进入爆区检查。

第二，露天深孔及药壶蛇穴爆破，爆后应超过15min，方准许检查人员进入爆区。

第三，露天爆破经检查确认爆破点安全后，经当班爆破班长同意，方准许作业人员进入爆区。

第四，地下矿山和大型地下开挖工程爆破后，经通风吹散炮烟、检查确认井下空气合格后、等待时间超过15min，方准许作业人员进入爆破作业地点。

第五，拆除爆破爆后应等待倒塌建（构）筑物和保留建筑物稳定之后，方准许检查人员进入现场检查。

第六，硐室爆破、水下深孔爆破及本标准未规定的其他爆破作业，爆后的等待时间由设计单位确定。

2.爆后检查内容

第一，一般岩土爆破应检查的内容有：确认有无盲炮；露天爆破爆堆是否稳定，有无危坡、危石；地下爆破有无冒顶、危岩，支撑是否破坏，炮烟是否排除。

第二，硐室爆破、拆除爆破及其他有特殊要求的爆破作业，爆后检查应按有关规定执行。

3.处理

第一，检查人员发现盲炮及其他险情，应及时上报或处理；处理前应在现场设立危险标志，并采取相应的安全措施，无关人员不应接近。

第二，发现残余爆破器材应收集上缴，集中销毁。

4.盲炮处理

（1）一般规定

①处理盲炮前应由爆破领导人定出警戒范围，并在该区域边界设置警戒，处理盲炮时无关人员不准进入警戒区。

②应派有经验的爆破员处理盲炮，确定爆破的盲炮处理应由爆破工程技术人员提出方案并经单位主要负责人批准。

③电力起爆发生盲炮时，应立即切断电源，及时将盲炮电路短路。

④导爆索和导爆管起爆网路发生盲炮时，应首先检查导爆管是否有破损或断裂，发现有破损或断裂的应修复后重新起爆。

⑤不应拉出或掏出炮孔和药壶中的起爆药包。

⑥盲炮处理后，应仔细检查爆堆，将残余的爆破器材收集起来销毁；在不能确认爆堆无残留的爆破器材之前，应采取预防措施。

⑦盲炮处理后应由处理者填写登记卡片或提交报告，说明产生盲炮的原因、处理的方法和结果、预防措施。

（2）裸露爆破的盲炮处理

①处理裸露爆破的盲炮，可去掉部分封泥，安置新的起爆药包，加上封泥起爆；如发现炸药受潮变质，则应将变质炸药取出销毁，重新敷药起爆。

②处理水下裸露爆破和破冰爆破的盲炮，可在盲炮附近另投入裸露药包诱爆，也可将药包回收销毁。

（3）浅孔爆破的盲炮处理

①经检查确认起爆网路完好时，可重新起爆。

②可打平行孔装药爆破，平行孔距盲炮不应小于0.3m；对于浅孔药壶法，平行孔距盲炮药壶边缘不应小于0.5m。为确定平行炮孔的方向，可从盲炮孔口掏出部分填塞物。

③可用木、竹或其他不产生火花的材料制成的工具，轻轻地将炮孔内填塞物掏出，用药包诱爆。

④可在安全地点外用远距离操纵的风水喷管吹出盲炮填塞物及炸药，但应采取措施回

收雷管。

⑤处理非抗水硝铵炸药的盲炮，可将填塞物掏出，再向孔内注水，使其失效，但应回收雷管。

⑥盲炮应在当班处理，当班不能处理或未处理完毕，应将盲炮情况（盲炮数目、炮孔方向、装药数量和起爆药包位置，处理方法和处理意见）在现场交接清楚，由下一班继续处理。

（4）深孔爆破的盲炮处理

①爆破网路未受破坏，且最小抵抗线无变化者，可重新连线起爆；最小抵抗线有变化者，应验算安全距离，并加大警戒范围后，再连线起爆。

②可在距盲炮孔口不少于10倍炮孔直径处另打平行孔装药起爆。爆破参数由爆破工程技术人员确定并经爆破领导人批准。

③所用炸药为非抗水硝铵类炸药，且孔壁完好时，可取出部分填塞物向孔内灌水使之失效，然后做进一步处理。

（5）硐室爆破的盲炮处理

硐室爆破中的盲炮，即未按预期爆炸的炸药包，是爆破作业中的一种常见问题，其处理至关重要，以确保安全和爆破效率。盲炮处理通常包括对未爆原因的分析、安全评估和采取的相应措施。首先，需要对盲炮进行定位和检查，分析其未爆的原因，可能包括炸药质量问题、雷管失效、起爆线路故障或施工误差等。一旦确认盲炮的存在，必须采取严格的安全措施，包括设置警戒区域、禁止无关人员进入，并由专业人员进行处理。处理盲炮的方法可能包括重新起爆、人工拆除或采用其他技术手段，如使用水压、机械破碎等。在处理过程中，专业人员需穿戴适当的防护装备，并采取防爆措施，以防止意外爆炸。其次，盲炮处理后，应对爆破区域进行彻底检查，确保没有残留的未爆物品，以保障后续作业的安全。整个盲炮处理过程需严格遵守相关安全规程和操作标准，确保人员安全和环境不受破坏。

二、爆破方法

（一）孔眼爆破

根据孔径的大小和孔眼的深度可分为浅孔爆破法和深孔爆破法。前者孔径小于75mm，孔深小于5m；后者孔径大于75mm，孔深大于5m。前者适用于各种地形条件和工作面的情况，有利于控制开挖面的形状和规格，使用的钻孔机具较简单，操作方便，但生产效率低，孔耗大，不适合大规模的爆破工程。而后者恰好弥补了前者的缺点，适用于料场和基坑规模大、强度高的采挖工作。

1.炮孔布置原则

无论是浅孔爆破还是深孔爆破，施工中均须形成台阶状以合理布置炮孔，充分利用天然临空面或创造更多的临空面。这样不仅有利于提高爆破效果，降低成本，也便于组织钻孔、装药、爆破和出碴的平行流水作业，避免干扰，加快进度。布孔时，宜使炮孔与岩石层面和节理面正交，不宜穿过与地面贯穿的裂缝，以防漏气，影响爆破效果。深孔作业布孔，尚应考虑不同性能挖掘机对掌子面的要求。

2.改善深孔爆破效果的技术措施

一般开挖爆破要求岩块均匀，大块率低；形成的台阶面平整，不留残埂；较高的钻孔延米爆落量和较低的炸药单耗。改善深孔爆破效果的主要措施有以下几个方面。

（1）合理利用或创造人工自由面

实践证明，充分利用多面临空的地形，或人工创造多面临空的自由面，有利于降低爆破单位耗药量。适当增加梯段高度或采用斜孔爆破，均有利于提高爆破效率。平行坡面的斜孔爆破，由于爆破时沿坡面的阻抗大体相等，且反射拉力波的作用范围增大，通常可比竖孔的能量利用率提高50%。斜孔爆破后边坡稳定，块度均匀，还有利于提高装渣效率。

（2）改善装药结构

深孔爆破多采用单一炸药的连续装药，且药包往往处于底部、孔口不装药段较长，导致大块的产生。采用分段装药虽增加了一定施工难度，但可有效降低大块率；采用混合装药方式，即在孔底装高威力炸药、上部装普通炸药，有利于减少超钻深度；国内外矿山部门采用的空气间隔装药爆破技术也证明其是一种改善爆破破碎效果、提高爆炸能量利用率的有效方法。

（3）优化起爆网络

优化起爆网络对提高爆破效果，减轻爆破震动危害起着十分重要的作用。选择合理的起爆顺序和微差间隔时间对于增加药包爆破自由面，促使爆破岩块相互撞击以减小块度，防止爆破公害具有十分重要的作用。

（4）采用微差挤压爆破

微差挤压爆破是指爆破工作面前留有渣堆的微差爆破。由于留有渣堆，从而促使爆岩在运动过程中相互碰撞，前后挤压，获得进一步破碎，改善了爆破效果。微差挤压爆破可用于料场开挖及工作面小、开挖区狭长的场合如溢洪道、渠道开挖等。它可以使钻孔和出渣作业互不干扰，平行连续作业，从而提高工作效率。

（5）保证堵塞长度和堵塞质量

实践证明，当其他条件相同时，堵塞良好的爆破效果及能量利用率较堵塞不良的大幅提高。

（二）光面爆破和预裂爆破

光面爆破和预裂爆破是两种在岩石工程中常用的控制爆破技术，旨在实现岩石的精确破碎和减少爆破对周围环境的影响。光面爆破主要用于形成平整的开挖面，通过在设计开挖轮廓线上钻凿密集的炮孔，并在爆破时控制炸药的量和起爆顺序，确保岩石沿预定轮廓线破碎，从而获得一个平整、无裂缝的开挖面，减少后续的清理工作。预裂爆破则用于在开挖面形成一条预先设计的裂缝，通过在开挖轮廓线前方布置一排炮孔并首先起爆，形成一条裂缝，以此来控制主爆破时岩石的破碎范围，防止裂纹向保留岩体扩展，保护未开挖区域的完整性。这两种技术都需要精确的设计和施工，包括炮孔的布置、炸药的选择、起爆方式的确定等，以实现最佳的爆破效果。光面爆破和预裂爆破技术在隧道开挖、大型基础挖掘、边坡工程等领域得到广泛应用，有助于提高工程质量和施工安全性。

（三）定向爆破

定向爆破是利用最小抵抗线在爆破作用中的方向性这个特点，设计时利用天然地形或人工改造后的地形，使最小抵抗线指向需要填筑的目标。这种技术已广泛地应用在水利筑坝、矿山尾矿坝和填筑路堤等工程上。它的突出优点是在极短时期内，通过一次爆破完成土石方工程挖、装、运、填等多道工序，节约大量的机械和人力，费用省，工效高；缺点是后续工程难以跟上，而且受到某些地形条件的限制。

（四）控制爆破

控制爆破不同于一般的工程爆破，对由爆破作用引起的危害有更加严格的要求，多用于城市或人口稠密、附近建筑物群集的地区拆除房屋、烟囱、水塔、桥梁以及厂房内部各种构筑物基座的爆破，因此，又称拆除爆破或城市爆破。

控制爆破所要求控制的内容是：

第一，控制爆破破坏的范围，只爆破建筑物需要拆除的部位，保留其余部分的完整性。

第二，控制爆破后建筑物的倾倒方向和坍塌范围。

第三，控制爆破时产生的碎块飞出距离，空气冲击波强度和音响的强度。

第四，控制爆破所引起的建筑物地基震动及其对附近建筑物的震动影响，也称爆破地震效应。

爆破飞石、滚石控制。产生爆破飞石的主要原因是对地质条件调查不充分、炸药单耗太大或偏小造成冲炮、炮孔偏斜抵抗线太小、防护不够充分、毫秒起爆网络安排特别是排间毫秒延迟时间安排不合理造成冲炮等。监理工程师会同施工单位爆破工程师，现场严格要求施工人员按爆破施工工艺要求进行爆破施工，并考虑采取以下措施：

第一，严格监督对爆破飞石、滚石的防护和安全警戒工作，认真检查防护排架、保护物体近体防护和爆区表面覆盖防护是否达到设计要求，人员、机械的安全警戒距离是否达到规程的要求等。

第二，对爆破施工进行信息化管理，不断总结爆破经验、教训，针对具体的岩体地质条件，确定合理的爆破参数。严格按设计和具体地质条件选择单位炸药消耗量，保证堵塞长度和质量。

第三，爆破最小抵抗线方向应尽量避开保护物。

第四，确定合理的起爆模式和延迟起爆时间，尽量使每个炮孔均有侧向自由面，防止因前排带炮（越冲）而造成后排最小抵抗线大小和方向失控。

第五，钻孔施工时，如发现节理、裂隙发育等特殊地质构造，应积极会同施工单位调整钻孔位置、爆破参数等；爆破装药前验孔，特别要注意前排炮孔是否有裂缝、节理、裂隙发育，如果存在特殊地质构造，应调整装药参数或采用间隔装药形式、增加堵塞长度等措施；装药过程中发现装药量与装药高度不符时，应说明该炮孔可能存在裂缝并及时检查原因，采取相应措施。

第六，在靠近建（构）筑物、居民区及社会道路较近的地方实施爆破作业，必须根据爆破区域周围环境条件，采取有效的防护措施。常用的飞石、滚石安全防护方法有：立面防护。在坡脚、山体与建筑物或公路等被保护物间搭设足够高度的防护排架进行遮挡防护，在坡脚砌筑防滚石堤或挖防滚石沟；保护物近体防护。在被保护物表面或附近空间用竹排、沙袋或铁丝网等进行防护；爆区表面覆盖防护。根据爆区距离保护物的远近，可采用特种覆盖防护、加强覆盖防护、一般防护等。

第七，如工程有多处陡壁悬崖，要及时清理山体上的浮石、危石，确保施工安全。

（五）松动爆破

松动爆破技术是指充分利用爆破能量，使爆破对象成为裂隙发育体，不产生抛掷现象的一种爆破技术，它的装药量只有标准抛掷爆破的40%~50%。松动爆破又分普通松动爆破和加强松动爆破。松动爆破后岩石只呈现破裂和松动状态，可以形成松动爆破漏斗，爆破作用指数 $n \leq 0.75$。该项技术已广泛应用于各类工程爆破之中，并取得了显著的经济效益。在煤炭开采中，松动爆破为多种采煤方法的应用起助采作用，属于助采工艺，特别是在煤层中含有夹矸带的开采中，因此，研究松动爆破技术对于提高煤炭开采效果具有重要意义。

松动爆破的爆堆比较集中，对爆区周围未爆部分的破坏范围较小。

1. 爆破机理

（1）煤岩体松动爆破的机理

由钻孔爆破可知，钻孔中的药卷（包）起爆后，爆轰波就以一定的速度向各个方向传播，爆轰后的瞬间，爆炸气体就已充满整个钻孔。爆炸气体的超压同时作用在孔壁上，压力将达几千到几万兆帕。爆源附近的煤岩体因受高温高压的作用而压实，强大的压力作用使爆破孔周围形成压应力场。压应力的作用使周围煤体产生压缩变形，使压应力场内的煤岩体产生径向位移，在切向方向上将受到拉应力作用，产生拉伸变形。由于煤岩的抗拉伸能力远远低于抗压能力，故当拉应变超过破坏应变值时，就会首先在径向方向上产生裂隙。在径向方向上，由于质点位移不同，其阻力也不同，因此，必然产生剪应力。如果剪应力超过煤岩的抗剪强度，则产生剪切破坏，产生径向剪切裂隙。此外，爆炸是一个高温高压的过程，随着温度的降低，原来由压缩作用而引起的单元径向位移，必然在冷却作用下使该单元产生向心运动，于是单元径向呈拉伸状态，产生拉应力。当拉应力大于煤岩体的抗拉强度时，煤岩体将呈现拉伸破坏，从而在切向方向上形成拉伸裂隙，钻孔附近形成了破碎带和裂隙带。

另外，由于钻孔附近的破碎带和裂隙带的影响，破坏了煤岩体的整体性，使周围的煤岩体由原来的三向受力状态变为双向受力状态，靠近工作时又变为单向受力状态，从而使煤岩体的抗压强度大为降低，在顶板超前支承压力作用下，增大了煤岩的破碎程度，采煤机的切割阻力减小，加快了割煤速度，从而起到了松动煤体的作用。

（2）不耦合装药的机理

利用不耦合装药（即药包和孔壁间有环状空隙），空隙的存在削减了作用在孔壁上的爆压峰值，并为孔间提供了聚能的临空，而削减后的爆压峰值不致使孔壁产生明显的压缩破坏，只切向拉力使炮孔四周产生径向裂纹，加之临空而聚能作用使孔间连线产生应力集中，孔间裂纹发展，而滞后的高压气体沿缝产生"气刀"劈裂作用，使周边孔间连线上裂纹全部贯通。

2.安全要求

（1）凿岩

①凿岩前清除石方顶上的余渣，按设计位置清出炮孔位。

②凿岩人员应戴好安全帽，穿好胶鞋。

③凿岩应按本方案设计，对掏槽眼（辅助眼）、周边眼应根据孔距、排距、孔眼深和孔眼倾斜角进行操作。

④孔眼钻凿完毕后，应清除岩浆，并用堵塞物临时封口，以防碎石等杂物掉入孔内。

（2）装药

①本工程采用乳化装药，各单孔采用非电毫秒微差电雷管，集中后由微差电雷管引爆。

②单孔药量和分药量，分段情况应按本设计方案进行，装药后应认真做好堵塞工作，留足堵塞长度，保证堵塞质量。

（3）起爆

①各单孔内分段和各单孔间分段应严格按设计施工，严禁混装和乱装。

②孔外电雷管均为串联连接，电雷管应使用同厂同批产品，连接前应用爆破欧姆表量测每只电雷管电阻值，并保证在 ±0.2 的偏差内。

③起爆电雷管应用胶布扎紧，并将其短路后置于孔边，待覆盖完成后再次导通，并进行全网连接。

④网络连接后，应测出网路总电阻，并与计算值相比较，若差值不相符合，应查明原因，排除故障，防止错接、漏接。

⑤起爆电源若为直流电，则通过每只电雷管的电流不得小于 2.5A，若为交流电则不小于 4A。

⑥起爆前，网络连接好的爆破组线应短路并派专人看管，待警戒好后指挥起爆人员下达命令后方可接上起爆电源，下达起爆指令后方可充电起爆。若发生拒爆，应立即切断电源，并将组线短路；若使用延期雷管，应在短路后不少于 15 min 方可进入现场，待查出原因，排除故障后再次起爆。

（4）警戒

做好安全警戒工作是保证安全生产的重要措施，所有警戒人员应听从警戒指导小组下达的指令，做好各警点的警戒工作。

具体的安全警戒措施如下：

①做好安民告示，向周围单位和居民送发爆破通知书，说明爆破及有关注意事项，并在明显地段张贴公安局、业主、施工单位联合发布的"爆破通知"。

②当爆破作业开始警戒时，应吹哨，各警戒人员各就各位，通知工地所有人员撤离到爆破现场以外安全区。

③当起爆指挥员接到警戒员已做好警戒工作的通知，起爆员接到指令，应吹三声长哨，开始充电，后再次吹三声短哨起爆。

④起爆后，应过 5 min 后，爆破作业员方可进入爆区检查爆破情况，确认安全起爆无险情后，吹一声长哨解除警戒放行。

（六）硐室爆破

硐室爆破是指将大量炸药集中装填于设计开挖成的药室内，达成一次起爆大量炸药、完成大量土石方开挖或抛填任务的爆破技术。硐室爆破的主要特点是效率高，但对周围环境和地质环境要求较高。通过形成缓冲垫层处理采空区的硐室爆破实践，将单层单排几个硐室爆破方案改进为双层双排硐室群爆破方案，并拓展采用了纵向立体错位、同向诱导崩塌的硐室群爆破技术；同时改进硐室工程布置和填塞形式，形成了条形药包准空腔装药结构。

硐室爆破，又称为药室爆破或深孔爆破。这种方法通常用于大型土石方工程，如矿山开采、道路建设、水利工程等，特别是在需要大量移除岩石或土体的情况下。施工前，首先需要进行地质勘探，确定岩石或土体的性质和爆破的具体位置。随后，根据设计要求钻凿一定深度和直径的炮孔，形成硐室，硐室的形状和大小取决于爆破的规模和目的。在硐室内填充炸药后，通过引线或电子雷管进行起爆。硐室爆破的关键在于精确控制炸药的填充量、硐室的形状和位置，以及起爆的顺序和时机，以实现最佳的爆破效果和最小的环境影响。硐室爆破能够产生巨大的爆破力，有效破碎坚硬的岩石，提高工程效率，但同时也需要严格的安全措施和精确的计算，以确保施工安全和爆破效果。

第三节　爆破器材与安全控制

一、爆破器材

爆破器材（demolition equipments and materials）是用于爆破的炸药、火具、爆破器、核爆破装置、起爆器、导电线和检测仪表等的统称。

（一）炸药

常用的有三硝基甲苯（TNT）、硝铵炸药、塑性炸药等。为便于使用，可制成各种不同规格的药块、药柱、药片、药卷等。

（二）火具

包括导火索、导爆索、导爆管、雷管、电雷管、拉火管、打火管等。

（三）爆破器

爆破筒、爆破罐、单人掩体爆破器、炸坑爆破器、火箭爆破器等，它们是根据不同用途专门设计制造的制式爆破器材，如爆破筒主要用于爆破筑城工事和障碍物；爆破罐和炸坑爆破器主要用于破坏道路、机场跑道、装甲工事和钢筋混凝土工事及构筑防坦克陷坑等；单人掩体爆破器供单兵随身携带，用于构筑单人掩体；火箭爆破器主要用于在障碍物中开辟通路。核爆破装置，通常由一个弹头（核装药）和控制装置组成，主要用于爆破大型目标和制造大面积障碍等。

（四）起爆器

有普通起爆器（即点火机）和遥控起爆器。普通起爆器是一种小型发电机，有电容器式和发电机式两种，用于给点火线路供电起爆电雷管。遥控起爆器用于远距离遥控起爆装药，主要有靠发送无线电波或激光引爆地面装药的遥控起爆器和靠发送声波引爆水中装药的遥控起爆器等。

（五）导电线

有双芯和单芯工兵导电线，用于敷设电点火线路。

（六）检测仪表

主要有欧姆表（工作电流不大于30mA），用于导通或精确测量电雷管、导电线和电点火线路的电阻，此外还有电流表、电压表等。为便于携带和使用，一些国家已将点火机和欧姆表组装成一个整体。

二、爆破安全控制

（一）爆破安全保障措施

1.技术措施

第一，方案设计：严格依据《爆破安全规程》中的有关规定，精心设计、精确计算并反复校核，严格控制爆破震动和爆破飞石在爆破区域以外的传播范围和力度，使其恒低于被保护目标的安全允许值以下，确保安全。

第二，施工组织：严格依据本设计方案中的各种设计计算参数进行施工，工程技术人员必须深入施工现场进行技术监督和指导，随时发现并解决施工中的各种安全技术问题，确保方案的贯彻和落实。

第三，针对爆破震动和爆破飞石对铁路、高压线的影响，在施工中从北侧开始进行钻孔并向北90°钻孔，控制飞石的飞散方向；孔排距采用多打孔、少装药的方式进行布孔，控制单孔药量；采用加强填塞方式，控制填塞长度；采用单排逐段起爆方式，减小爆破震动；开挖减震沟，阻断地震波的传播。

2.警戒和防护措施

爆破飞石的大规模飞散，虽然可以通过技术设计进行有效控制，但个别飞石的窜出则难以避免，为防止个别飞石伤人毁物，将采取以下措施确保安全：

第一，设定警戒范围：以爆破目标为中心，以300m为半径设置爆破警戒区，封锁警戒区域内所有路口，禁止车辆和行人通过（和交通管理部门进行协调，由交警进行临时道路封闭）。

第二，密切和业主之间的协调工作，划定统一的爆破时间，利用各个施工作业队中午休息的时间进行爆破施工，尽量排除爆破施工对其他施工队的影响。

第三，爆破安全警戒措施：

①爆破前所有人员和机械、车辆、器材一律撤至指定的安全地点。安全警戒半径，室内200m，室外300m。

②爆破安全警戒人员，每个警戒点甲、乙双方各派一人负责。警戒人员除完成规定的警戒任务外，还要注意自身安全。

③爆破的通信联络方式为对讲机双向联系。

④爆破完毕后，爆破技术人员对现场检查，确认无险情后，方可解除警戒。

⑤爆破提前通知，准时到位，不得擅自离岗和提前撤岗。

⑥统一使用对讲机，开通指定频道，指挥联络。

⑦各警戒点、清场队、爆破人员要准确、清楚、迅速报告情况，遇有紧急情况和疑难问题要及时请示报告。

⑧各组人员要认真负责，服从命令听指挥，不得疏忽遗漏一个死角，确保万无一失，在执行任务中哪一个环节出了差错或不负责任引起后果，要追究责任，严肃处理。

第四，装药时的警戒：

装药及警戒：装药时封锁爆破现场，无关人员不得进入。

装药警戒距离：距爆破现场周围100m，具体由爆破公司负责。

第五，明确警戒程序。

第六，警戒信记号及联络方式：

信记号：预告信号，警报器一长一短声；起爆信号，警报器连续短声；解除信号，警报器连续长声。

第七，警戒要求：

①警戒人员应熟悉爆破程序和信记号，明确各自任务并按要求完成。

②警戒人员头戴安全帽，站在通视好又便于隐蔽的地方。

③起爆前，遇到紧急情况要按预定的联络方式向指挥部汇报。

④爆破后，在未发出解除警报前，警戒人员不得离岗。

3.组织指挥措施

爆破时的人员疏散和警戒工作难度大，为统一指挥和协调爆破时的安全工作，拟成立一个由建设单位、施工单位共同参加的现场临时指挥部，负责全面指挥爆破时的人员撤离、车辆疏散、警戒布置、相邻单位通知及意外情况处理等安全工作。

4.炸药、火工品管理

（1）炸药、火工品运输

雷管、炸药等火工品均由当地民爆公司按当天施工需要配送至爆破现场。

（2）炸药、火工品保管

炸药等火工品运到爆破现场后，由两名保管员看管。装药开始后，由专人负责炸药、火工品的分发、登记，各组指定人员专门领取和退还炸药、火工品，分发处设立警戒标志。

由专人检查装药情况，专人统计爆炸物品实用数量和领用数量是否一致。

装药完毕，剩余雷管、炸药等火工品分类整理并由民爆公司配送返回仓库。

（3）炸药、火工品使用

①严格按照《爆破安全规程》管理部门要求和设计执行。

②各组由组长负责组织装药。

③现场加工药包，要保管好雷管、炸药，多余的火工品由专人退库。

④向孔内装填药包，用木质填塞棒将药包轻轻送入孔底，填土时先轻后重，力求填满捣实，防止损伤脚线。

（二）事故应急预案

结合本工程的施工特点，针对可能出现的安全生产事故和自然灾害制定本工程施工安全生产应急预案。

1.基本原则

第一，坚持"以人为本，预防为主"，针对施工过程中存在的危险源，通过强化日常安全管理，落实各项安全防范措施，查堵各种事故隐患，做到防患于未然。

第二，坚持统一领导、统一指挥、紧急处置、快速反应、分级负责、协调一致的原则，建立项目部、施工队、作业班组应急救援体系，确保施工过程中一旦出现重大事故，能够迅速、快捷、有效地启动应急系统。

2.应急救援协调领导组职责

应急救援协调领导组是项目部的非常设机构。负责本标段施工范围内的重大事故应急救援的指挥、布置、实施和监督协调工作，及时向上级汇报事故情况，指挥、协调应急救援工作及善后处理，按照国家、行业和公司、指挥部等上级有关规定参与对事故的调查处理。

应急救援协调领导小组共设应急救援办公室、安全保卫组、事故救援组、医疗救援组、后勤保障组、专家技术组、善后处理组、事故调查处理组等8个专业处置组。

3.突发事故报告

（1）事故报告与报警

施工中发生重、特大安全事故后，施工队应迅速启动应急预案和专业预案，并在第一时间内向项目经理部应急救援协调领导小组报告，火灾事故同时向119报警。报告内容包括：事故发生的单位、事故发生的时间、地点，初步判断事故发生的原因，采取了哪些措施及现场控制情况，所需的专业人员和抢险设备、器材、交通路线、联系电话、联系人姓名等。

（2）应急程序

①事故发生初期，现场人员采取积极自救、互救措施，防止事故扩大，指派专人负责引导指挥人员及各专业队伍进入事故现场。

②指挥人员到达现场后，立即了解现场情况及事故的性质，确定警戒区域和事故应急救援具体实施方案，布置各专业救援队任务。

③各专业咨询人员到达现场后，迅速对事故情况作出判断，提出处置实施办法和防范措施；事故得到控制后，参与事故调查及提出整改措施。

④救援队伍到达现场后，按照应急救援小组安排，采取必要的个人防护措施，按各自的分工开展抢险和救援工作。

⑤施工队严格保护事故现场，并迅速采取必要措施抢救人员和财产。因抢救伤员、防止事故扩大以及疏通交通等原因需要移动现场时，必须及时做出标志、摄影、拍照、详细记录和绘制事故现场图，并妥善保存现场重要痕迹、物证等。

⑥事故得到控制后，由项目经理部统一布置，组织相关专家、相关机构和人员开展事故调查工作。

4.突发事故的应急处理预案

（1）非人身伤亡事故

根据本行业的特点以及对相关事故的统计，事故类型主要有以下几种：

①漏联、漏爆、拒爆。

②爆破震动损坏周围建筑物和有关管线。

③爆破飞石损坏周围建筑物和有关管线。

预防措施包含以下几种：

①严密设计，认真检查。

②利用微差起爆技术降低爆破震动。

③对爆破部位加强覆盖，合理选择堵塞长度。

④爆破前，通过爆破危险区域的供电、供水和煤气线路必须停止供给30min，以防爆破震动引起供电线路短路，造成大面积停电或发生电器火灾，或供水、供气管道泄漏事故。

（2）应急措施

出现非人身伤亡事故，采取以下应急措施：

①现场技术组及时将情况向爆破指挥部报告。

②警戒组立即在事故外围设置警戒，阻止无关人员进入，防止事故现场遭到破坏，为现场实施急救排险创造条件。

③事故救援组立即开始工作，在不破坏事故现场的情况下进行排险。

④后勤保障组按既定方案进行物资和材料供应，将备用物资和材料及时运送到位，并安排好其他各项后勤工作。

⑤判断事故严重程度以确定应急响应类别，超过本公司范围时应申请扩大应急响应类别，申请甲方、街道甚至区级支援，并与甲方、区级应急预案接口启动。

（3）人身伤亡事故

事故类型包含以下两种：

①爆破飞石伤及人或物。

②火工品加工、装填过程中，如不按规程操作，可能发生意外爆炸伤人事故。

预防措施包含以下五种：

①进入施工现场的工作人员必须戴安全帽。

②爆破施工前对工作人员进行安全教育，逐一指出施工现场的危险因素。

③火工品现场加工现场拉警戒线，非施工人员不得靠近。

④请求公安和有关部门配合爆破警戒、交通阻断工作，同时做好应对不测情况的安全保卫工作。

⑤请求医疗急救中心配合爆破时的紧急救护工作。

（4）应急措施

发生人身伤亡事故，立即警戒、报告，同时展开援救工作。

①现场技术组立即报警，并向甲方、爆破公司报告，并由甲方和爆破公司逐级上报有关主管部门。

②警戒组立即在事故外围设置警戒，阻止无关人员进入，防止事故现场遭到破坏，为现场实施急救排险创造条件。

③事故救援组组立即开始工作，在不破坏事故现场的情况下进行排险抢救，并与当地公安机关和医疗急救机构保持密切联系，对事故进行控制，防止事故进一步扩大。

（5）预防火灾事故的应急处理预案

发生火灾时，先正确确定火源位置，火势大小，及时利用现场消防器材灭火，控制火势，组织人员撤出火区；同时拨打119火警电话和120抢救电话寻求帮助，并在最短时间内报告项目经理部值班室。

第五章　混凝土坝工程施工技术

第一节　碾压混凝土施工

一、原材料控制与管理

第一，碾压混凝土所使用原材料的品质必须符合国家标准和设计文件及本工法所规定的技术要求。

第二，水泥品质除符合现行国家标准普通硅酸盐水泥要求外，且必须具有低热、低脆性、无收缩的性能，其矿物成分控制在 $C4AF \geqslant 15\%$、$C2S \geqslant 25\%$、$C3S \leqslant 50\%$、$C3A < 6\%$。

第三，高温条件下施工时，为降低水化热及延长混凝土的初凝时间，粉煤灰掺量可适量增加，但总量应控制在65%以内。

第四，砂石骨料绝大部分采用红河天然砂石骨料。开采砂、石的质量需满足规范要求，粗骨料逊径不大于5%，超径10%，RCC用砂细度模数必须控制在 2.3 ± 0.2，且细粉料要达到18%。不许有泥团混在骨料中。试验室负责对生产的骨料按规定的项目和频数进行检测。

第五，为满足碾压混凝土层间结合时间的要求，必须根据温度变化的情况对混凝土外加剂品种及掺量进行适当调整，平均温度 $\leqslant 20℃$ 时，采用普通型缓凝高效减水剂掺量，按基本掺量执行；平均温度高于30℃时，采用高温型缓凝高效减水剂掺量，掺量调整为0.7%~0.8%。在施工大仓面时，若间隔时间不能保证在混凝土初凝时间之内覆盖第二层，宜在RCC表喷含有1%的缓凝剂水溶液，并在喷后立即覆上彩条布，以防混凝土被晒干，保证上下层混凝土的结合。外加剂溶液必须按试验室签发的配料单配制，要求计量准确、搅拌均匀，试验室负责检查和测试。

第六，混凝土拌和、养护用水必须洁净、无污染。

第七，凡用于主体工程的水泥、粉煤灰、外加剂、钢材均须按照合同及规范有关规定，做抽样复检，抽样项目及频数按抽样规定表执行。

第八，混凝土公司应根据月施工计划（必要时根据周计划）制订水泥、粉煤灰、外加剂、氧化镁、钢材等材料物资计划，物资部门保障供应。

第九，每一批水泥、粉煤灰、外加剂及钢筋进场时，物资部都必须向生产厂家索取材料质保（检验）单，并交试验室，由物资部通知试验室及时取样检验。检验项目：水泥细度、安定性、标准稠度、抗压、抗折强度、粉煤灰（细度、需水量比、烧失量、SO_3）。严禁不符合规范要求的材料入库。

第十，仓库要加强对进场水泥、粉煤灰、外加剂等材料的保管工作，严禁回潮结块。袋装水泥贮藏期超过3个月、散装水泥超过6个月时，使用前进行试验，并根据试验结果来确定是否可以使用。

第十一，混凝土开盘前须检测砂、石料含水率、砂细度模数及含泥量，并对配合比做相应调整，即细度±0.2，砂率±1%。对原材料技术指标超过要求时，应及时通知有关部门立即纠正。

第十二，拌和车间对外加剂的配置和使用负责，严格按照试验室要求配置外加剂，使用时搅拌均匀，并定期校验计量器具，保证计量准确，混凝土外加剂浓度每天抽检一次。

第十三，试验室负责对各种原材料的性能和技术指标进行检验，并将各项检测结果汇入月报表中报送监理部门。所有减水剂、引气剂、膨胀剂等外加剂需在保质期内使用，进场后按相应材料保质保存措施进行，严禁使用过期失效外加剂。

二、配合比的选定

第一，碾压混凝土、垫层混凝土、水泥砂浆、水泥浆的配合比和参数选择按审批后的配合比执行。

第二，碾压混凝土配合比通过一个月施工统计分析后，如有需要，由工程处试验室提出配合比优化设计报告，报相关方审核批准后使用。

三、施工配料单的填写

第一，每仓混凝土浇筑前由工程部填写开仓证，注明浇筑日期、浇筑部位、混凝土强度等级、级配、方量等，交与现场试验室值班人员，由试验员签发施工配料单。

第二，施工配料单由试验室根据混凝土开仓证和经审批的施工配合比制定、填写。

第三，试验室对所签发的施工配料单负责，施工配料单必须经校核无误后使用，除试验室根据原材料变化按规范规定调整外，任何人无权擅自更改。

第四，试验室在签发施工配料单之前，必须对所使用的原材料进行检查及抽样检验，掌握各种原材料质量情况。

第五，试验室在配料单校核无误后，立即送交拌和楼，拌和楼应严格按施工配料单进行拌制混凝土，严禁在无施工配料单情况下拌制混凝土。

四、碾压混凝土施工前检查与验收

（一）准备工作检查

第一，由前方工段（或者值班调度）负责检查RCC开仓前的各项准备工作，如机械设备、人员配置、原材料、拌和系统、入仓道路（冲洗台）、仓内照明及供排水情况检查、水平和垂直运输手段等。

第二，自卸汽车直接运输混凝土入仓时，冲洗汽车轮胎处的设施符合技术要求，距大坝入仓口应有足够的脱水距离，进仓道路必须铺石料路面并冲洗干净、无污染。指挥长负责检查，终检员把它列入签发开仓证的一项内容进行检查。

第三，若采用溜管入仓时，检查受料斗弧门运转是否正常、受料斗及溜管内的残渣是否清理干净、结构是否可靠、能否满足碾压混凝土连续上升的施工要求。

第四，施工设备的检查工作应由设备使用单位负责（如运输车间）。

（二）仓面检查验收工作

1.工程施工质量管理

实行三检制：班组自检，作业队复检，质检部终检。

2.基础或混凝土施工缝处理的检查项目

建基面、地表水和地下水、岩石清洗、施工缝面毛面处理、仓面清洗、仓面积水。

3.模板的检查项目

第一，是否按整体规划进行分层、分块和使用规定尺寸的模板。

第二，模板及支架的材料质量。

第三，模板及支架结构的稳定性、刚度。

第四，模板表面相邻两面板高差。

第五，局部不平。

第六，表面水泥砂浆黏结。

第七，表面涂刷脱模剂。

第八，接缝缝隙。

第九，立模线与设计轮廓线偏差。

第十，留孔、洞尺寸及位置偏差。

第十一，测量检查、复核资料。

4.钢筋的检查项目

第一，审批号、钢号、规格。

第二，钢筋表面处理。

第三，保护层厚度局部偏差。

第四，主筋间距局部偏差。

第五，箍筋间距局部偏差。

第六，分布筋间距局部偏差。

第七，安装后的刚度及稳定性。

第八，焊缝表面。

第九，焊缝长度。

第十，焊缝高度。

第十一，焊接试验效果。

5.钢筋直螺纹连接的接头检查。

6.止水、伸缩缝的检查项目

第一，是否按规定的技术方案安装止水结构（如加固措施、混凝土浇筑等）。

第二，金属止水片和橡胶止水带的几何尺寸。

第三，金属止水片和橡胶止水带的搭接长度。

第四，安装偏差。

第五，插入基础部分。

第六，敷沥青麻丝料。

第七，焊接、搭接质量。

第八，橡胶止水带塑化质量。

7.预埋件的检查项目

第一，预埋件的规格。

第二，预埋件的表面。

第三，预埋件的位置偏差。

第四，预埋件的安装牢固性。

第五，预埋管子的连接。

8.混凝土预制件的安装

第一，混凝土预制件外型尺寸和强度应符合设计要求。

第二，混凝土预制件型号、安装位置应符合设计要求。

第三，混凝土预制件安装时其底部及构件间接触部位连接应符合设计要求。

第四，主体工程混凝土预制构件制作必须按试验室签发的配合比施工，并由试验室检查，出厂前应进行验收，合格后方能出厂使用。

9.灌浆系统的检查项目

第一，灌浆系统埋件（如管路、止浆体）的材料、规格、尺寸应符合设计要求。

第二，埋件位置要准确、固定，并连接牢固。

第三，埋件的管路必须畅通。

10.入仓口

汽车直接入仓的入仓口道路的回填及预浇常态混凝土道路的强度（横缝处），必须在开仓前准备就绪。

11.仓内施工设备

包括振动碾、平仓机、振捣器和检测设备，必须在开仓前按施工要求的台数就位，并保持良好的机况，无漏油现象发生。

12.冷却水管

采用导热系数 $\lambda \geqslant 1.0KJ/m \cdot h \cdot ℃$，内径28mm，壁厚2mm的高密度聚乙烯塑料管，按设计图蛇行布置。单根循环水管的长度不大于250m，冷却水管接头必须密封，开仓之前检查水管不得堵塞或漏水，否则进行更换。

（三）验收合格证签发和施工中的检查

第一，施工单位内部"三检"制对本章第二节中的各条款全部检查合格后，由质检员申请监理工程师验收，经验收合格后，由监理工程师签发开仓合格证。

第二，未签发开仓合格证，严禁开仓浇筑混凝土，否则作严重违章处理。

第三，在碾压混凝土施工过程中，应派人值班并认真保护，发现异常情况及时认真检查处理，如损坏严重应立即报告质检人员，通知相关作业队迅速采取措施纠正，并重新进行验仓。

第四，在碾压混凝土施工中，仓面每班专职质检人员包括质检员1人、试验室检测员2人，质检人员应相互配合，对施工中出现的问题，须尽快反映给指挥长，指挥长负责协调处理。仓面值班监理工程师或质检员发现质量问题时，指挥长必须无条件按监理工程师或质检员的意见执行，如有不同意见可在执行后向上级领导反映。

五、混凝土拌和管理

（一）拌和管理

第一，混凝土拌和车间应对碾压混凝土拌和生产与拌和质量全面负责。值班试验工负责对混凝土拌和质量全面监控，动态调整混凝土配合比，并按规定进行抽样检验和成型试件。

第二，为保证碾压混凝土连续生产，拌和楼和试验室值班人员必须坚守岗位，认真负责和填写好质量控制原始记录，严格坚持现场交接班制度。

第三，拌和楼和试验室应紧密配合，共同把好质量关，对混凝土拌和生产中出现的质量问题应及时协商处理，当意见不一致时，以试验室的处理意见为准。

第四，拌和车间对拌和系统必须定期检查、维修保养，保证拌和系统正常运转和文明施工。

第五，工程处试验室负责原材料、配料、拌和物质量的检查检验工作，负责配合比的调整优化工作。

（二）混凝土拌和

第一，混凝土拌和楼计量必须经过计量监督站检验合格才能使用。拌和楼称量设备精度检验由混凝土拌和车间负责实施。

第二，每班开机前（包括更换配料单），应按试验室签发的配料单定称，经试验室值班人员校核无误后方可开机拌和。用水量调整权属试验室值班人员，未经当班试验员同意，任何人不得擅自改变用水量。

第三，碾压混凝土料应充分搅拌均匀，满足施工的工作度要求，其投料顺序按砂+小石+中石+大石→水泥+粉煤灰→水+外加剂，投料完后，强制式拌和楼拌和时间为75s（外掺氧化镁加60s），自落式拌和楼拌和时间为150s（外掺氧化镁加60s）。

第四，混凝土拌和过程中，试验室值班人员对出机口混凝土质量情况加强巡视、检查，发现异常情况应查找原因并及时处理，严禁不合格的混凝土入仓。构成下列情况之一者作为碾压混凝土废料，经处理合格后才可使用：

a.拌和不充分的生料。

b.VC值大于30s或小于1s。

c.混凝土拌和物均匀性差，达不到密度要求。

d.发现混凝土拌和楼配料称超重、欠称的混凝土。

第五，拌和过程中，拌和楼值班人员应经常观察灰浆在拌和机叶片上的黏结情况，若黏结严重应及时清理。交接班之前，必须将拌和机内黏结物清除。

第六，配料、拌和过程中出现漏水、漏液、漏灰和电子秤频繁跳动现象后，应及时检修，严重影响混凝土质量时应临时停机处理。

第七，混凝土施工人员均须在现场岗位上交接班，不得因交接班中断生产。

第八，拌和楼机口混凝土VC值控制，应在配合比设计范围内，根据气候和途中损失值情况由指挥长通知值班试验员进行动态控制，如若超出配合比设计调整值范围，值班试验员需报告工程处试验室，由工程处试验室对VC值进行合理的变更，变更时应保持W/C+F不变。

六、仓内施工管理

（一）仓面管理

第一，碾压混凝土仓面施工由前方工段负责，全面安排、组织、指挥、协调碾压混凝土施工，对进度、质量、安全负责。前方工段应接受技术组的技术指导，遇到处理不了的技术问题时，应及时向工程部反映，以便尽快解决。

第二，试验室现场检测员对施工质量进行检查和抽样检验，按规定填写记录。发现问题应及时报告指挥长和仓面质检员，并配合查找原因且做详细记录，如发现问题不报告则视为失职。

第三，所有参加碾压混凝土施工的人员，必须遵守现场交接班制度，坚守工作岗位，按规定做好施工记录。

第四，为保持仓面干净，禁止向仓面抛掷任何杂物（如烟头、矿泉水瓶等）。

（二）仓面设备管理

1.设备进仓

第一，仓面施工设备应按仓面设计要求配置齐全。

第二，设备进仓前应进行全面检查和保养，使设备处于良好运行状态方可进入仓面，设备检查由操作手负责，要求做详细记录并接受机电物资部的检查。

第三，设备在进仓前应进行全面清洗，汽车进仓前应把车厢内外、轮胎、底部、翼子板及车架的污泥冲洗干净，冲洗后还必须脱水干净方可入仓，设备清洗状况由前方工段不定期检查。

2.设备运行

第一，设备的运行应按操作规程进行，设备专人使用，持证上岗，操作手应爱护设备，不得随意让别人使用。

第二，驾驶员驾驶汽车在碾压混凝土仓面行驶时，应避免紧急刹车、急转弯等有损混凝土质量的操作，汽车卸料应听从仓面指挥，指挥必须采用持旗和口哨方式。

第三，施工设备应尽可能利用RCC进仓道路在仓外加油，若在仓面加油必须采取铺垫地毡等措施，以保护仓面不受污染，质检人员负责监督检查。

3.设备停放

第一，仓面设备的停放由调度安排，做到设备停放文明整齐，操作手必须无条件服从指挥，不使用的设备应撤出仓面。

第二，施工仓面上的所有设备、检测仪器工具，暂不工作时，均应停放在指定的位置上或不影响施工的位置。

4.设备维修

第一，设备由操作手定期维修保养，维修保养要求做详细记录，出现设备故障情况应及时报告仓面指挥长和机电物资部。

第二，维修设备应尽可能利用碾压混凝土入仓道路开出仓面，或吊出仓面，如必须在仓面维修时，仓面须铺垫地毡，保护仓面不受污染。

（三）仓面施工人员管理

1.允许进入仓面人员的规定

第一，凡进入碾压混凝土仓面的人员必须将鞋子上黏着的污泥洗净，禁止向仓面抛掷任何杂物。

第二，进入仓面的其他人员行走路线或停留位置不得影响正常施工。

2.施工人员的培训与教育

第一，施工人员必须经过培训并考核合格、具备施工能力方可参加RCC施工。

第二，施工技术人员要定期进行培训，加强继续教育，不断提高素质和技术水平。

第三，培训工作由混凝土公司负责，工程部协助，各种培训工种按一体化要求进行计划、等级和考核。

（四）卸料

1.铺筑

180高程以下碾压混凝土采用汽车直接进仓，大仓面薄层连续铺筑，每层间隔层为3m，为了缩短覆盖时间，采用条带平推法，铺料厚度为35cm，每层压实厚度为30m。高温季节或雨季应考虑斜层铺筑法。

2.卸料

第一，在施工缝面铺第一碾压层卸料前，应先均匀摊铺1~1.5cm厚水泥砂浆，随铺随卸料，以利层面结合。

第二，采用自卸汽车直接进仓卸料时，为了减少骨料分离，卸料宜采用双点叠压式卸料。卸料尽可能均匀，料堆旁出现的少量骨料分离，应由人工或其他机械将其均匀地摊铺到未碾压的混凝土面上。

第三，仓内铺设冷却水管时，冷却水管铺设在第一个碾压混凝土坯层"热升层"30cm或1.5m坯层上，避免自卸汽车直接碾压HDPE冷却水管，造成水管破裂渗漏。

第四，采用吊罐入仓时，由吊罐指挥人员负责指挥，卸料自由高度不宜大于1.5m。

第五，卸料堆边缘与模板距离不应小于1.2m。

第六，卸料平仓时应严格控制三级配和二级配混凝土分界线，分界线每20m设一红旗进行标识，混凝土摊铺后的误差对于二级配不允许有负值，也不得大于50cm，并由专职质检员负责检查。

（五）平仓

第一，测量人员负责在周边模板上每隔20m画线放样，标识桩号、高程，每隔10m绘制平仓厚度35cm控制线，用于控制摊铺层厚等；对二级配区和三级配区等不同混凝土之间的混凝土分界线每20m进行放样一个点，放样点用红旗标识。

第二，采用平仓机平仓，运行时履带不得破坏已碾好的混凝土，人工辅助边缘部位及其他部位的堆卸与平仓作业。平仓机采用TBS80或D50，平仓时应严格控制二级配及三级配混凝土的分界线，二级配平仓宽度小于2.0m时，卸料平仓必须从上游往下游推进，保证防渗层的厚度。

第三，平仓开始时采用串联式摊铺法及深插中间料分散于两边粗料中，来回三次均匀分布粗骨料后，才平整仓面，部分粗骨料集中应由人工分散于细料中。

第四，平仓后仓面应平顺没有显著凹凸起伏，不允许仓面向下游倾斜。

第五，平仓作业采取"少刮、浅推、快提、快下"操作要领平仓，RCC平仓方向应按浇筑仓面设计的要求，摊铺要均匀，每碾压层平仓一次，质检员根据周边所画出的平仓线进行拉线检查，每层平仓厚度为35cm，检查结果超出规定值的部分必须重新平仓，局部不平部位由人工辅助推平。

第六，混凝土卸料应及时平仓，以满足由拌和物投料起至拌和物在仓面上于1.5h内碾压完毕的要求。

第七，平仓过程出现在两侧和坡脚集中的骨料由人工均匀分散于条带上，在两侧集中的大骨料未做人工分散时，不得卸压新料。

第八，平仓后层面上若发现有局部骨料集中，可由人工铺撒细骨料予以分散均匀处理。

（六）碾压

第一，对计划采用的各类碾压设备，应在正式浇筑RCC前，通过碾压试验来确定满足混凝土设计要求的各项碾压参数，并经监理工程师批准。

第二，由碾压机手负责碾压作业，每个条带铺筑层摊平后，按要求的振动碾压遍数进行碾压，采用BM202AD、BM203AD振动碾。VC值在4~6s时，一般采用无振2遍+有振6遍+静碾2遍；VC值大于15s时，采用无振2遍+有振8遍+静碾2遍；当VC值超过20s或平仓后RCC发白时，先采用人工造雾使混凝土表面湿润，在无振碾时振动碾自喷水，振动后使混凝土表面泛浆。碾压遍数是控制混凝土质量的重要环节，一般采用翻牌法记录遍数，以防漏压，碾压机手在每一条带碾压过程中，必须记碾压遍数，不得随意更改。值班人员和专职质检员可以根据表面泛浆情况和核子密度仪检测结果决定是否增加碾压遍数。专职质检员负责碾压作业的随机检查，碾压方向应按仓面设计的要求，为顺坝轴线方向，碾压条带间的搭结宽度为20cm，端头部位搭结宽度不少于100cm。

第三，由试验室人员负责碾压结果检测，每层碾压作业结束后，应及时按网格布点检测混凝土压实容重，核子密度计按100~200m²的网格布点且每一碾压层面不少于3个点，相对压实度的控制标准为：三级配混凝土应≥97%、二级配混凝土应≥98%，若未达到，应重新碾压达到要求。

第四，碾压机手负责控制振动碾行走速度在1.0~1.5km/h范围内。

第五，碾压混凝土的层间间隔时间应控制在混凝土的初凝时间之内。若在初凝与终凝之间，可在表层铺砂浆或喷浆后，继续碾压；达到终凝时间，必须当冷缝处理。

第六，由于高气温、强烈日晒等因素的影响，已摊铺但尚未碾压的混凝土容易出现表面水分损失，碾压混凝土如平仓后30min内尚未碾压，宜在有振碾的第一遍和第二遍开启振动碾自带的水箱进行洒水补偿，水分补偿的程度以碾压后层面湿润和碾压后充分泛浆为准，不允许过多洒水而影响混凝土结合面的质量。

第七，当密实度低于设计要求时，应及时通知碾压机手，按指示补碾，补碾后仍达不到要求，应挖除处理。碾压过程中仓面质检员应做好施工情况记录，质检人员做好质检记录。

第八，模板、基岩周边采用BM202AD振动碾直接靠近碾压，无法碾压到的50~100cm或复杂结构物周边，可直接浇筑富浆混凝土。

第九，碾压混凝土出现有弹簧土时，检测的相对密实度达到要求，可不处理，若未达到要求，应挖开排气并重新压实达到要求。混凝土表层产生裂纹、表面骨料集中部位碾压不密实时，质检人员应要求值班人员进行人工挖除，重新铺料碾压达到设计要求。

第十，仓面的VC值根据现场碾压试验，VC值以3~5s为宜，阳光暴晒且气温高于25℃时取3s，出现3mm/h以内的降雨时，VC值为6~10s，现场试验室应根据现场气温、昼夜、阴晴、湿度等气候条件适当动态调整出机口VC值。碾压混凝土以碾压完毕的混凝土层面达到全面泛浆、人在层面上行走微有弹性、层面无骨料集中为标准。

（七）缝面处理

1.施工缝处理

第一，整个RCC坝块浇筑必须充分连续一致，使之凝结成一个整体，不得有层间薄弱面和渗水通道。

第二，冷缝及施工缝必须进行缝面处理，处理合格后方能继续施工。

第三，缝面处理应采用高压水冲毛等方法，清除混凝土表面的浮浆及松动骨料（以露出砂粒、小石为准），处理合格后，先均匀刮铺一层1~1.5cm厚的砂浆（砂浆强度等级比RCC高一级），然后才能摊铺碾压混凝土。

第四，冲毛时间根据施工时段的气温条件、混凝土强度和设备性能等因素，经现场试验确定，混凝土缝面的最佳冲毛时间为碾压混凝土终凝后2~4h，不得提前进行。

第五，RCC铺筑层面收仓时，基本上达到同一高程，或者下游侧略高、上游侧略低（i=1%）的斜面。因施工计划变更、降雨或其他原因造成施工中断时，应及时对已摊铺的混凝土进行碾压，停止铺筑处的混凝土面宜碾压成不大于1∶4的斜面。

第六，由仓面混凝土带班负责在浇筑过程中保持缝面洁净和湿润，不得有污染、干燥区和积水区。为减少仓面二次污染，砂浆宜逐条带分段依次铺浆。已受污染的缝面在铺砂浆之前应清扫干净。

2.造缝

由仓面指挥长负责安排切缝时间，在混凝土初凝前完成。切缝采用NPFQ-1小型振动式切缝机，宜采用"先碾后切"的方法，切缝深度不小于25cm，成缝面积每层应不小于设计面积的60%，填缝材料用彩条布，随刀片压入。

3.层面处理

第一，由仓面指挥长负责层面处理工作，不超过初凝时间的层面不做处理，超过初凝时间的层面按表5-1要求处理。

表5-1　碾压混凝土层面凝结状态及其处理工艺

凝结状态	时限（h）	处理工艺
热缝	≤5	铺筑前表面重新碾压泛浆后，直接铺筑
温缝	≤12	铺筑高一强度等级砂浆1~1.5cm后铺筑上一层
冷缝	>12	冲毛后铺筑高一强度等级砂浆或细石混凝土再铺筑上一层

注：当平均气温高于25℃时按表中数据进行控制，当平均气温小于25℃时时限可再延长1~1.5h。

第二，水泥砂浆铺设全过程，应由仓面混凝土带班安排，在需要洒铺作业前1h，应通知值班人员进行制浆准备工作，保证需要灰浆时可立即开始作业。

第三，砂浆铺设与混凝土摊铺同步连续进行，防止砂浆的黏结性能受水分蒸发的影响，砂浆摊铺后20~30min内必须覆盖。

第四，洒铺水泥砂浆前，仓面混凝土带班必须负责监督洒铺区干净、无积水，并避免出现水泥砂浆晒干问题。

（八）入仓口施工

第一，采用自卸汽车直接运输碾压混凝土入仓时，入仓口施工是一个重要施工环节，直接影响RCC施工速度和坝体混凝土施工质量。

第二，RCC入仓口应精心规划，一般布置在坝体横缝处，且距坝体上游防渗层下游15~20m。

第三，入仓口采用预先浇筑仓内斜坡道的方法，其坡度应满足自卸汽车入仓要求。

第四，入仓口施工由仓面指挥长负责指挥，采用常态混凝土，其强度等级不低于坝体混凝土设计强度等级，应与坝体混凝土同样确保振捣密实（特别是斜坡道边坡部分）。施工时段应有计划地充分利用混凝土浇筑仓位间歇期，提前安排施工，以便斜坡道混凝土有足够强度行走自卸汽车。

七、斜层平推法施工

第一，在高气温、强烈日照的环境条件下，碾压混凝土放置时间越长质量越差，所以大幅度缩减层间间隔时间是提高层间结合质量的最有效、最彻底的措施。而采用斜层铺筑法，浇筑作业面积比仓面面积小，可以灵活地控制层间间隔时间的长短，在质量控制上有着特殊重要的意义。

第二，每一仓块由工程部绘制详细的仓面设计，仓面指挥长、质检员等必须在开仓前熟悉浇筑要领，并按仓面设计的要求组织实施。

第三，浇筑工区测量员负责在周边模板上按浇筑要领图上的要求和测量放样，在每隔10m画出的碾压层控制线上，标识桩号、高程和平仓控制线，用于控制斜面摊铺层厚度。

第四，按1∶10~1∶15坡度放样，砂浆摊铺长度与碾压混凝土条带宽度相对应。

第五，下一层RCC开始前，挖除坡脚放样线以外的RCC，坡脚切除高度以切除到砂浆为准，已初凝的混凝土料作废料处理。

第六，采用斜层平推法浇筑碾压混凝土时，"平推"方向可以为两种：一种是方向垂直于坝轴线，即碾压层面倾向上游，混凝土浇筑从下游向上游推进；另一种是平行于坝轴线，即碾压层面从一岸倾向另一岸。碾压混凝土铺筑层以固定方向逐条带铺筑，坝体迎水面8~15m范围内，平仓、碾压方向应与坝轴线方向平行。

第七，开仓段碾压混凝土施工。碾压混凝土拌和料运输到仓面，按规定的尺寸和顺序进行开仓段施工，其要领在于减少每个铺筑层在斜层前进方向上的厚度，并要求使上一层全部包容下一层，逐渐形成倾斜面。沿斜层前进方向每增加一个升程H，都要对老混凝土面（水平施工缝面）进行清洗并铺砂浆，碾压时振动碾不得行驶到老混凝土面上，以避免压碎坡角处的骨料而影响该处碾压混凝土的质量。

第八，碾压混凝土的斜层铺筑。这是碾压混凝土的核心部分，其基本方法与水平层铺筑法相同。为防止坡角处的碾压混凝土骨料被压碎而形成质量缺陷，施工中应采取预铺水平垫层的方法，并控制振动碾不得行驶到老混凝土面上去，施工中按图中的序号施工。首先清扫、清洗老混凝土面（水平施工缝面），摊铺砂浆，然后沿碾压混凝土宽度方向摊铺并碾压混凝土拌和物，形成水平垫层，水平垫层超出坡脚前缘30~50cm，第一次不予碾压而与下一层的水平垫层一起碾压，以避免坡脚处骨料压碎，接下来进行下一个斜层铺筑碾压，如此往复，直至收仓段施工。

第九，收仓段碾压混凝土施工。首先进行老混凝土面的清扫、冲洗、摊铺砂浆，然后采用折线形状施工，其中折线的水平段长度为8~10m，当浇筑面积越来越小时，水平层和折线层交替铺筑，以满足层间间歇的时间要求。

第二节　混凝土水闸施工

一、施工准备

第一，按施工图纸及招标文件要求制订混凝土施工作业措施计划，并报监理工程师审批。

第二，完成现场试验室配置，包括主要人员、必要试验仪器设备等。

第三，选定合格原材料供应源，并组织进场、进行试验检验。

第四，设计各品种、各级别混凝土配合比，并进行试拌、试验，确定施工配合比。

第五，选定混凝土搅拌设备，进场并安装就位，进行试运行。

第六，选定混凝土输送设备，修筑临时浇筑便道。

第七，准备混凝土浇筑、振捣、养护用器具、设备及材料。

第八，进行特殊气候下混凝土浇筑准备工作。

第九，安排其他施工机械设备及劳动力组合。

二、混凝土配合比

工程设计所采用的混凝土品种主要为C30，二期混凝土为C40，在商品混凝土厂家选定后分别进行配合比的设计，用于工程施工的混凝土配合比，应通过试验并经监理工程师审核确定，在满足强度耐久性、抗渗性、抗冻性及施工要求的前提下，做到经济合理。

混凝土配合比设计步骤如下：

第一，确定混凝土试配强度：为了确保实际施工混凝土强度满足设计及规范要求，混凝土的试配强度要比设计强度提高一个等级。

第二，确定水灰比：严格按技术规范要求，根据所有原料、使用部位、强度等级及特殊要求分别计算确定。实际选用的水灰比应满足设计及规范的要求。

第三，确定水泥用量：水泥用量以不低于招标文件规定的不同使用部位的最小水泥用量确定，且能满足规范需要及特殊用途混凝土的性能要求。

第四，确定合理的含砂率：砂率的选择依据所用骨料的品种、规格、混凝土水灰比及满足特殊用途混凝土的性能要求来确定。

第五，混凝土试配和调整：按照经计算确定的各品种混凝土配合比进行试拌，每品种混凝土用三个不同的配合比进行拌和试验并制作试压块，根据拌和物的和易性、坍落度、28天抗压强度、试验结果，确定最优配合比。

对于有特殊要求（如抗渗、抗冻、耐腐蚀等）的混凝土，则需根据经验或外加剂使用说明按不同的掺入料、外加剂掺量进行试配并制作试压块，根据拌和物的和易性、坍落度和28天抗压强度、特殊性能试验结果，确定最优配合比。

在实际施工中，要根据现场骨料的实际含水量调整设计混凝土配合比的实际生产用水量并报监理工程师批准。同时在混凝土生产过程中随时检查配料情况，如有偏差及时调整。

三、混凝土运输

工程商品混凝土使用泵送混凝土，运输方式为混凝土罐车陆路运输，从出厂到工地现场距离约为30km，用时约为40min。

四、混凝土浇筑

工程主体结构以钢筋混凝土结构为主，施工安排遵循"先主后次、先深后浅、先重后轻"的原则，以闸室、翼墙、导流墩、便桥为施工主线，防渗铺盖、护底、护坡、护面等穿插进行。

工程建筑物的施工根据各部位的结构特点、型式进行分块、分层。底板工程分块以设计分块为准。

第一，闸室、泵室：底板以上分闸墩、排架2次到顶。

第二，上下游翼墙：底板以上1次到顶。

五、部位施工方法

（一）水闸施工内容

第一，地基开挖、处理及防渗、排水设施的施工。

第二，闸室工程的底板、闸墩、胸墙及工作桥等施工。

第三，上、下游连接段工程的铺盖、护坦、海漫及防冲槽的施工。

第四，两岸工程的上、下游翼墙、刺墙及护坡的施工。

第五，闸门及启闭设备的安装。

（二）平原地区水闸施工特点

第一，施工场地开阔，现场布置方便。

第二，地基多为软基，受地下水影响大，排水困难，地基处理复杂。

第三，河道流量大，导流困难，一般要求一个枯水期完成主要工程量的施工，施工强度大。

第四，水闸多为薄而小的混凝土结构，仓面小，施工有一定干扰。

（三）水闸混凝土浇筑次序

混凝土工程是水闸施工的主要环节（占工程历时一半以上），必须重点安排，施工时可按下述次序考虑：

第一，先浇深基础，后浇浅基础，避免浅基础混凝土产生裂缝。

第二，先浇影响上部工程施工的部位或高度较大的工程部位。

第三，先主要后次要，其他穿插进行。主要与次要由以下三方面区分：

1.后浇是否影响其他部位的安全；

2.后浇是否影响后续工序的施工；

3.后浇是否影响基础的养护和施工费用。

上述可概括为十六字方针，即"先深后浅、先重后轻、先主后次、穿插进行"。

（四）闸基开挖与处理

1.软基开挖

第一，可用人工和机械方法开挖，软基开挖受动水压力的影响较大，易产生流沙，边坡失稳现象，所以关键是减小动水压力。

第二，防止流沙的方法（减小动水压力）包括以下两种：

（1）人工降低地下水位：可增加土的安息角和密实度，减小基坑开挖和回填量。可用无砂混凝土井管或轻型井点排水。

（2）滤水拦砂法稳定基坑边坡：当只能用明式排水时，可采用如下方法稳定边坡：苇捆叠砌拦砂法；柴枕拦砂法；坡面铺设护面层。

2.软基处理

（1）换土法

当软基土层厚度不大，可全部挖出，可换填砂土或重粉质壤土，分层夯实。

（2）排水法

采用加速排水固结法，提高地基承载力，通常用砂井预压法。砂井直径为30~50cm，井距为4~10倍的井径，常用范围2~4m。一般用射水法成井，然后灌注级配良好的中粗砂，成为砂井。井上区域覆盖1m左右砂子，做排水和预压载重，预压荷载一般为设计荷载的1.2~1.5倍。砂井深度以10~20m为宜。

（3）振冲法

用振冲器在土层中振冲成孔，同时填以最大粒径不超5cm的碎石或砾石，形成碎石桩，以达到加固地基的目的。桩径为0.6~1.1m，桩距1.2~2.5m。适用于松砂地基，也可用于黏性土地基。

（4）混凝土灌注桩

软基处理的混凝土灌注桩是一种在软弱地基上进行加固的工程措施，通常用于提高地基的承载力和稳定性。这种灌注桩通过在预先钻好的孔中灌入混凝土，形成坚固的桩体，直接穿过软弱土层，将荷载传递到更深的、承载能力更强的土层或岩石上。在施工过程中，首先需要对软弱地基进行详细的地质勘察，以确定桩的布局、深度和直径等参数。其次，使用钻机在预定位置钻孔，清除孔中的泥土和杂质，确保孔壁的稳定性。再次，将钢筋笼放入孔中，作为桩的增强体，以提高桩的抗弯和抗剪能力。最后，通过灌注机将混凝土连续灌入孔中，直至桩体达到设计标高。混凝土灌注桩的施工需要严格控制混凝土的质量、灌注速度和密实度，以确保桩体的均匀性和整体性。

（5）旋喷法

旋喷法，亦称深层搅拌法，是一种在软土地基处理中常用的加固技术，通过在地基中注入高压水泥浆或化学浆液，利用旋转喷嘴将浆液与周围土体混合，形成混合土体，从而提高土层的承载能力、减少沉降和提高土体的抗剪强度。施工时，旋喷设备将带有喷嘴的钻杆钻入预定深度，然后旋转喷嘴并同时提升，喷嘴喷射出的浆液与土体搅拌混合，形成连续的加固土柱。此方法适用于处理黏性土、粉土、砂土等多种土质，尤其对于高含水量的软弱土层效果显著。旋喷法具有施工设备简单、施工速度快、加固深度大、对环境影响小等优点，广泛应用于建筑基础、道路、桥梁、堤坝等工程的软基加固中。

（6）强夯法

强夯法是一种有效的软基处理技术，主要用于提高软弱地基的承载力和减少其沉降量。该方法通过使用重型夯锤，利用其自由落体的冲击力反复夯击地基表面，使得地基土体产生固结和密实，从而增强土体的强度和稳定性。在施工过程中，首先需要对地基进行详细的地质勘察，确定夯击点的布局和夯击次数。施工时，将夯锤提升至一定高度后自由落下，对地基进行冲击夯击，每次夯击后需对夯击点进行检测，以评估夯击效果。

（五）闸室施工（平底板）

由于受运用条件和施工条件等的限制，混凝土被结构缝和施工缝划分为若干筑块。一般采用平层浇筑法。当混凝土拌和能力受到限制时，亦可用斜层浇筑法。

1.搭设脚手架，架立模板

利用事先预制的混凝土柱，搭设脚手架。底板较大时，可采用活动脚手架浇筑方案。

2.混凝土的浇筑

可分两个作业组，分层浇筑。先一、二组同时浇筑下游齿墙，待齿墙浇平后，将一组调到上游浇齿墙，二组则从下游向上游开始浇第一坯混凝土。

六、混凝土养护

混凝土的养护对强度增长、表面质量等至关重要，混凝土的养护期应符合规范要求，在养护期前期应始终保持混凝土表面处于湿润状态，其后养护期内应经常进行洒水养护，确保混凝土强度的正常增长条件，以保证建筑物在施工期和投入使用初期的安全性。

工程底部结构采用草包、塑料薄膜覆盖养护，中上部结构采用塑料喷膜法养护，即将塑料溶液喷洒在混凝土表面上，溶液挥发后，混凝土表面形成一层薄膜，使混凝土中的水分不再蒸发，从而完成混凝土的水化作用。为达到有效养护目的，塑料薄膜要保持完整性，若有损坏应及时补喷，喷膜作业应与拆模同步进行。

七、施工缝处理

在施工缝处继续浇筑混凝土前，首先对混凝土接触面进行凿毛处理，然后清除混凝土废渣、薄膜等杂物以及表面松动砂石和混凝土软弱层，再用水冲洗干净并充分湿润，浇筑前清除表面积水，并在表面铺一层与混凝土中砂浆配合比一致的砂浆，此时方可开始混凝土浇筑，浇筑时要加强对施工缝处混凝土的振捣，使新老混凝土结合严密。

施工缝位置的钢筋回弯时，要做到钢筋根部周围的混凝土不至于受到影响而造成松动和破坏，钢筋上的油污、水泥浆及浮锈等杂物应清除干净。

八、二期混凝土施工

二期混凝土浇筑前，应详细检查模板、钢筋及预埋件尺寸、位置等是否符合设计及规范的要求，并做检查记录，报监理工程师检查验收。一期混凝土彻底打毛后，用清水冲洗干净并浇水保持24 h湿润，以使二期混凝土与一期混凝土牢固结合。

二期混凝土浇筑空间狭小，施工较为困难，为保证二期混凝土的浇筑质量，可采取减小骨料粒径、增加坍落度、使用软式振捣器并适当延长振捣时间等措施，确保二期混凝土浇筑质量。

九、大体积混凝土施工技术

工程混凝土块体较多，如闸身底板、泵站底板、墩墙等，均属大体积混凝土。混凝土在硬化期间，水泥的水化过程会释放大量的水化热，由于散热慢，水化热大量积聚，造成混凝土内部温度高、体积膨胀大，而表面温度低，产生拉应力。当温差超过一定限度时，混凝土拉应力超过抗拉强度，就会产生裂缝。混凝土内部达到最高温度后，热量逐渐散发而达到使用温度或最低温度，二者之差便形成内部温差，促使混凝土内部产生收缩。再加上混凝土硬化过程中，由于混凝土拌和水的水化和蒸发，以及胶质体的胶凝作用，促进了混凝土的收缩。这两种收缩在进行时，受到基底及结构自身的约束而产生收缩力，当这种收缩应力超过一定限度时，就会贯穿混凝土断面，成为结构性裂缝。

针对以上成因，为了能有效地预防混凝土裂缝的产生，本工程施工过程中，将从混凝土原材料质量、施工工艺、混凝土养护等方面，预防混凝土裂缝产生。

（一）混凝土原材料质量控制措施

第一，严格控制砂石材料质量，选用中粗砂和粒径较大石子，砂石含泥量控制在规范允许范围内。

第二，水泥供应到工后，做到不受潮、不变质，先到先用。

第三，各种材料到工后，做到及时检测。对不合格材料应及时处理，并清理出场。

（二）施工工艺控制措施

1.混凝土浇筑成型过程

第一，混凝土施工前，应制定详细的混凝土浇筑方案，混凝土生产能力必须满足最大浇筑强度要求，相邻坯层混凝土覆盖的间隔时间满足施工规范要求，避免产生施工冷缝。混凝土振捣要依次振捣密实，不能漏振，分层浇筑时，振捣棒要深入到下层混凝土中，以确保混凝土结合面的质量。

第二，在浇筑过程中，要及时排除混凝土表面泌水，混凝土浇筑完成后，按设计标高用刮尺将混凝土抹平。在混凝土成型后，采用真空吸水措施，排除混凝土多余水分，然后用木屑拓磨压实，最后收光压面，以提高混凝土表面密实度。

第三，在混凝土浇筑过程中，要确保钢筋保护层厚度。

第四，混凝土施工缝处理要符合施工规范要求，混凝土结合面充分凿毛，表面冲洗干净，混凝土浇筑前，必须先摊铺与混凝土相同配合比的水泥砂浆，以提高混凝土施工缝黏结强度。

2.拆模过程

第一，适当延迟侧向模板拆模时间，以保持表面温度和湿度，减少气温陡降和收缩裂缝。

第二，承重模板必须符合规范要求。

3.混凝土养护措施

第一，混凝土浇筑后，安排专人进行养护。对底板部分，表面采用草包覆盖和浇水养护措施，保持表面湿润。

第二，夏季施工时，新浇混凝土应防止烈日直射，采用遮阳措施。

第三节　大体积混凝土的温度控制

一、裂缝产生的原因

大体积混凝土施工阶段产生的温度裂缝，是其内部矛盾发展的结果，一方面是混凝土内外温差产生应力和应变，另一方面是结构的外约束和混凝土各质点间的内约束阻止这种应变，一旦温度应力超过混凝土所能承受的抗拉强度，就会产生裂缝。

（一）水泥水化热

在混凝土结构浇筑初期，水泥水化热引起温升，且结构表面自然散热。因此，在浇筑后的3~5天，混凝土内部达到最高温度。混凝土结构自身的导热性能差，且大体积混凝土由于体积巨大，本身不易散热，水泥水化热现象会使得大量的热聚集在混凝土内部，使得混凝土内部迅速升温。而混凝土外露表面容易散发热量，这就使得混凝土结构温度内高外

低，且温差很大，形成温度应力。当产生的温度应力（一般是拉应力）超过混凝土当时的抗拉强度时，就会形成表面裂缝

（二）外界气温变化

大体积混凝土结构在施工期间，外界气温的变化对防止大体积混凝土裂缝的产生有很大的影响。混凝土内部的温度是由浇筑温度、水泥水化热的绝热温度和结构的散热温度等各种温度叠加组成。浇筑温度与外界气温有着直接关系，外界气温愈高，混凝土的浇筑温度也就会愈高；如果外界温度降低则又会增加大体积混凝土的内外温差梯度。如果外界温度的下降过快，会造成很大的温度应力，极其容易引发混凝土的开裂。另外外界的湿度对混凝土的裂缝也有很大的影响，外界的湿度降低会加速混凝土的干缩，也会导致混凝土裂缝的产生。

二、温度控制措施

针对大体积混凝土温度裂缝成因，可从以下几方面制定温控防裂措施。

（一）温度控制标准

混凝土温度控制的原则是：

第一，尽量降低混凝土的温升、延缓最高温度出现时间。

第二，降低降温速率。

第三，降低混凝土中心和表面之间、新老混凝土之间的温差以及控制混凝土表面和气温之间的差值。温度控制的方法和制度需根据气温（季节）、混凝土内部温度、结构尺寸、约束情况、混凝土配合比等具体条件确定。

（二）混凝土的配置及原料的选择

1.使用水化热低的水泥

由于矿物成分及掺合料数量不同，水泥的水化热差异较大。铝酸三钙和硅酸三钙含量高的，水化热较高，掺合料多的水泥水化热较低。因此，应选用低水化热或中水化热的水泥品种配制混凝土，不宜使用早强型水泥。采取到货前先临时贮存散热的方法，确保混凝土搅拌时水泥温度尽可能降低。

2.使用微膨胀水泥

使用微膨胀水泥的目的是在混凝土降温收缩时膨胀，补偿收缩，防止裂缝。但目前使用的微膨胀水泥，大多膨胀过早，即混凝土升温时膨胀，降温时已膨胀完毕，也开始收

缩，只能使升温的压应力稍有增大，补偿收缩的作用不大。所以应该使用后膨胀的微膨胀水泥。

3.控制砂、石的含泥量

严格控制砂的含泥量，使之不大于3%；石子的含泥量，使之不大于1%，精心设计、选择混凝土成分配合，如尽可能采用粒径较大、质量优良、级配良好的石子。粒径越大、级配良好，骨料的孔隙率和表面积越小，用水量减少，水泥用量也少。在选择细骨料时，其细度模数宜在26~29。工程实践证明，采用平均粒径较大的中粗砂，比采用细砂每方混凝土中可减少用水量20~25kg，水泥相应减少28~35kg，从而降低混凝土的干缩，减少水化热，对混凝土的裂缝控制有重要作用。

4.采用线胀系数小的骨料

混凝土由水泥浆和骨料组成，其线胀系数为水泥浆和骨料线胀系数的加权（占混凝土的体积）平均值。骨料的线胀系数因母岩种类而异。不同岩石的线胀系数差异很大。大体积混凝土中的骨料体积占75%以上，采用线胀系数小的骨料对降低混凝土的线胀系数，从而减小温度变形的作用是十分显著的。

5.外掺料选择

水泥水化热是大体积混凝土发生温度变化而导致体积变化的主要根源。干湿和化学变化也会造成体积变化，但通常都远远小于水泥水化热产生的体积变化。因此，除采用水化热低的水泥外，要减小温度变形，还应千方百计地降低水泥用量，减少水的用量。根据试验，每减少10kg水泥，其水化热将使混凝土的温度相应升降1℃。这就要求：

第一，在满足结构安全的前提下，尽量降低设计要求强度。

第二，众所周知，强度越低，水泥用量越小。充分利用混凝土后期强度，采用较长的设计龄期混凝土的强度，特别是掺加活性混合材料（矿渣、粉煤灰）的。大体积混凝土因工程量大，施工时间长，有条件采用较长的设计龄期，如90天、180天等。折算成常规龄期28天的设计强度就可降低，从而减小水泥用量。

第三，掺加粉煤灰：粉煤灰的水化热远小于水泥，7天约为水泥的1/3，28天约为水泥的1/20，掺加粉煤灰减小水泥用量可有效降低水化热。大体积混凝土的强度通常要求较低，允许掺加较多的粉煤灰。另外，优质粉煤灰的需水性小，有减水作用，可降低混凝土的单位用水量和水泥用量；还可减小混凝土的自身体积收缩，有的还略有膨胀，有利于防裂。掺粉煤灰还能抑制碱骨料反应并防止因此产生的裂缝。

第四，掺减水剂：掺减水剂可有效地降低混凝土的单位用水量，从而降低水泥用量。缓凝型减水剂还有抑制水泥水化的作用，可降低水化温升，有利于防裂。大体积混凝土中掺加的减水剂主要是木质素磺酸钙，它对水泥颗粒有明显的分散效应，可有效地增加混凝土拌和物的流动性，且能使水泥水化较充分，提高混凝土的强度。若保持混凝土的强度不变，可节约水泥10%，从而可降低水化热，同时可明显延缓水化热释放速度，热峰也相应推迟。

三、混凝土浇筑温度的控制

降低混凝土的浇筑温度对控制混凝土裂缝非常重要。相同混凝土，入模温度高的温升值要比入模温度低的大许多。混凝土的入模温度应视气温而调整。在炎热气候下不应超过28℃，冬季不应低于5℃。在混凝土浇筑之前，通过测量水泥、粉煤灰、砂、石、水的温度，可以估算浇筑温度。若浇筑温度不在控制要求内，则应采取相应措施。

1.在高温季节、高温时段浇筑的措施

第一，除水泥水化温升外，混凝土本身的温度也是造成体积变化的原因，有条件的应尽量避免在夏季浇筑。若无法做到，则应避免在午间高温时浇筑。

第二，高温季节施工时，设混凝土搅拌用水池（箱），拌和混凝土时，拌和水内可以加冰屑（可降低3~4℃）和冷却骨料（可降低10℃以上），降低搅拌用水的温度。

第三，高温天气时，砂、石子堆场的上方设遮阳棚或在料堆上覆盖遮阳布，降低其含水率和料堆温度。同时提高骨料堆料高度，当堆料高度大于6m时，骨料的温度接近月平均气温。

第四，向混凝土运输车的罐体上喷洒冷水、在混凝土泵管上裹覆湿麻袋控制混凝土入模前的温度。

第五，预埋钢管，通冷却水：如果绝热温升很高，有可能因温度应力过大而导致温度裂缝时，浇灌前，在结构内部预埋一定数量的钢管（借助钢筋固定），除在结构中心布置钢管外，其余钢管的位置和间距根据结构形式和尺寸确定（温控措施圆满完成后用高标号灌浆料将钢管灌堵密实）。大体积混凝土浇灌完毕后，根据测温所得的数据，向预埋的管内通一定温度的冷却水，应保证冷却水温度和混凝土温度之差不大于25℃，利用循环水带走水化热；冷却水的流量应控制，保证降温速率不大于15/天，温度梯度不大于2/m。尽管这种方法需要增加一些成本，却是降低大体积混凝土水化热温升最为有效的措施。

第六，可采用表面流水冷却，也有较好效果。

2.保温措施

冬季施工如日平均气温低于5℃时，为防止混凝土受冻，可采取拌和水加热及运输过程的保温等措施。

3.控制混凝土浇筑间歇期、分层厚度

各层混凝土浇筑间歇期应控制在7天左右，最长不得超过10天。为降低老混凝土的约束，需做到薄层、短间歇、连续施工。如因故间歇期较长，应根据实际情况在充分验算的基础上对上层混凝土层厚进行调整。

四、浇筑后混凝土的保温养护及温差监测

保温效果的好坏对大体积混凝土温度裂缝控制至关重要。保温养护采用在混凝土表面覆盖草垫、素土的养护方法。养护安排专人进行，养护时间5天。

自施工开始就派专人对混凝土测温并做好详细记录，以便随时了解混凝土内外温差变化。

承台测温点共布设9个，分上中下三层，沿着基础的高度，分布于基础周边、中间及肋部。测温点具体埋设位置见专项施工方案（作业指导书）。混凝土浇筑完毕后即开始测温。在混凝土温度上升阶段每2~4h测一次，温度下降阶段每8h测一次，同时应测大气温度，以便掌握基础内部温度场的情况，控制混凝土内外温差在25℃以内。根据监测结果，如果混凝土内部升温较快，混凝土内部与表面温度之差有可能超过控制值时，在混凝土外表面增加保温层。

当昼夜温差较大或天气预报有暴雨袭击时，现场要准备足够的保温材料，并根据气温变化趋势以及混凝土内部温度监测结果及时调整保温层厚度。

当混凝土内部与表面温度之差不超过20℃，且混凝土表面与环境温度之差也不超过20℃时，逐层拆除保温层。当混凝土内部与环境温度之差接近内部与表面温差控制值时，则全部撤掉保温层。

五、做好表面隔热保护

大体积混凝土的裂缝，特别是表面裂缝，主要是由于内外温差过大产生的浇筑后，水泥水化热使混凝土温度升高，表面易散热温度较低，内部不易散热温度较高，相对地表面收缩内部膨胀，表面收缩受内部约束产生拉应力。但通常这种拉应力较小，不至于超过混凝土抗拉强度而产生裂缝。只有同时遇冷空气袭击、过水或过分通风散热、使表面降温过大时才会发生裂缝（浇筑后5~20天最易发生）。表面隔热保护防止表面降温过大，减小内外温差，是防裂的有效措施。

（一）不拆模保温蓄热养护

大体积混凝土浇灌完成后应适时地予以保温保湿养护（在混凝土内外温差不大于25℃的情况下，过早地保温覆盖不利于混凝土散热）。养护材料的选择、维护层数以及拆除时间等应严格根据测温和理论计算结果而定。

（二）不拆模保温蓄热及混凝土表面蓄水养护

对于筏板式基础等大体积混凝土结构，混凝土浇灌完毕后，除在模板表面裹覆保温保

湿材料养护外，还可以通过在基础表面的四周砌筑砖围堰而后在其内蓄水的方法来养护混凝土，但应根据测温情况严格控制水温，确保蓄水的温度和混凝土的温度之差小于或等于25℃，以免混凝土内外温差过大而导致裂缝出现。

六、控制混凝土入模温度

混凝土的入模温度指混凝土运输至浇筑时的温度。冬期施工时，混凝土的入模温度不宜低于5℃。夏季施工时，混凝土的入模温度不宜高于30℃。

夏季施工混凝土入模温度的控制：

（1）原材料温度控制

混凝土拌制前测定砂、碎石、水泥等原材料的温度，露天堆放的砂石应进行覆盖，避免阳光暴晒。拌和用水应在混凝土开盘前的1 h从深井抽取地下水，蓄水池在夏天搭建凉棚，避免阳光直射。拌制时，优先采用进场时间较长的水泥及粉煤灰，尽可能降低水泥及粉煤灰在生产过程中存留的余热。

（2）采用混凝土搅拌运输车运输混凝土

运输车储运罐装混凝土前用水冲洗降温，并在混凝土搅拌运输车罐顶设置棉纱降温刷，及时浇水使降温刷保持湿润，在罐车行走转动过程中，使罐车周边湿润，蒸发水汽降低温度，并尽量缩短运输时间。运输混凝土过程中宜慢速搅拌混凝土，不得在运输过程加水搅拌。

（3）施工时，要做好充分准备，备足施工机械，创造好连续浇筑的条件

混凝土从搅拌机到入模的时间及浇筑时间要尽量缩短。同时，避免高温时段，浇筑应多选择在夜间施工。

冬期施工混凝土入模温度的控制：

第一，冬期施工时，设置骨料暖棚，将骨料进行密封保存，暖棚内设置加热设施。粗细骨料拌和前先置于暖棚内升温。暖棚外的骨料使用帆布进行覆盖。配置一台锅炉，通过蒸汽对搅拌用水进行加热，以保证混凝土的入模温度不低于5℃。

第二，混凝土的浇筑时间有条件时应尽量选择在白天温度较高的时间进行。

第三，混凝土拌制好后，及时运往浇筑地点，在运输过程中，罐车表面采用棉被覆盖保温。

运输道路和施工现场及时清扫积雪，保证道路通畅，必要时运输车辆加防滑链。

七、养护

混凝土养护包括湿度和温度两个方面。结构表层混凝土的抗裂性和耐久性在很大程度

上取决于施工养护过程中的温度和湿度养护。因为水泥只有水化到一定程度才能形成有利于混凝土强度和耐久性的微观结构。目前工程界普遍存在的问题是湿养护不足，对混凝土质量影响很大。湿养护时间应视混凝土材料的不同组成和具体环境条件而定。对于低水胶比又掺用掺和料的混凝土，潮湿养护尤其重要。湿养护的同时，还要控制混凝土的温度变化。根据季节不同采取保温和散热的综合措施，保证混凝土内外温差及气温与混凝土表面的温差在控制范围内。

八、加强施工质量控制

工程实践证明，大体积混凝土裂缝的出现与其质量的不均匀性有很大关系，混凝土强度不均匀，裂缝总是从最弱处开始出现，当混凝土质量控制不严，混凝土强度离散系数越大时，出现裂缝的概率就越大。加强施工管理，提高施工质量，必须从混凝土的原材料质量控制做起。科学进行配合比设计，施工中严格按照规范操作，特别要加强混凝土的振捣和养护，确保混凝土的质量，以减少混凝土裂缝的发生。

第六章 水闸和渠系建筑物施工技术

第一节 水闸施工技术

一、水闸的组成及布置

（一）水闸的类型

水闸有不同的分类方法。既可按其承担的任务分类，也可按其结构形式、规模等分类。

1.按水闸承担的任务分类

（1）拦河闸

建于河道或干流上，拦截河流。拦河闸控制河道下泄流量，又称为节制闸。枯水期拦截河道，抬高水位，以满足取水或航运的需要；洪水期则提闸泄洪，控制下泄流量。

（2）进水闸

建在河道，水库或湖泊的岸边，用来控制引水流量。这种水闸有开敞式及涵洞式两种，常建在渠首。进水闸又称取水闸或渠首闸。

（3）分洪闸

常建于河道的一侧，用以分泄天然河道不能容纳的多余洪水进入湖泊、洼地，以削减洪峰，确保下游安全。分洪闸的特点是泄水能力很大，而经常没有水的作用。

（4）排水闸

常建于江河沿岸，防江河洪水倒灌；河水退落时又可开闸排洪。排水闸双向均可泄水，所以前后都能承受水压力。

（5）挡潮闸

建在入海河口附近，涨潮时关闸防止海水倒灌，退潮时开闸泄水，具有双向挡水特点。

（6）冲沙闸

建在多泥沙河流上，用于排除进水闸、节制闸前或渠系中沉积的泥沙，减少引水水流的含沙量，防止渠道和闸前河道淤积。

2.按闸室结构形式分类

（1）开敞式

过闸水流表面不受阻挡，泄流能力大。

（2）胸墙式

闸门上方设有胸墙，可以减少挡水时闸门上的力，增加挡水变幅。

（3）涵洞式

闸门后为有压或无压洞身，洞顶有填土覆盖。多用于小型水闸及穿堤取水情况。

3.按水闸规模分类

（1）大型水闸

泄流量大于$1000m^3/s$。

（2）中型水闸

泄流量为$100\sim1000m^3/s$。

（3）小型水闸

泄流量小于$100m^3/s$。

（二）水闸的组成

1.闸室段

闸室是水闸的主体部分，其作用是：控制水位和流量，兼有防渗防冲作用。闸室段结构包括：闸门、闸墩、底板、胸墙、工作桥、交通桥、启闭机等。

闸门用来挡水和控制过闸流量。闸墩用来分隔闸孔和支承闸门、胸墙、工作桥、交通桥等。闸墩将闸门、胸墙以及闸墩本身挡水所承受的水压力传递给底板。胸墙设于工作闸门上部，帮助闸门挡水。

底板是闸室段的基础，它将闸室上部结构的重量及荷载传至地基。建在软基上的闸室主要由底板与地基间的摩擦力来维持稳定。底板还有防渗和防冲的作用。

工作桥和交通桥用来安装启闭设备、操作闸门和联系两岸交通。

2.上游连接段

上游连接段处于水流行进区，主要作用是引导水流从河道平稳地进入闸室，保护两岸及河床免遭冲刷，同时有防冲、防渗的作用。一般包括上游翼墙、铺盖、上游防冲槽和两岸护坡等。

上游翼墙的作用是导引水流，使之平顺地流入闸孔；抵御两岸填土压力，保护闸前河岸不受冲刷；并有侧向防渗的作用。

铺盖主要起防渗作用，其表面还应进行保护，以满足防冲要求。

上游两岸要适当进行护坡，其目的是保护河床两岸不受冲刷。

3.下游连接段

下游连接段的作用是消除过闸水流的剩余能量，引导出闸水流均匀扩散，调整流速分布和减缓流速，防止水流出闸后对下游的冲刷。

下游连接段包括护坦（消力池）、海漫、下游防冲槽、下游翼墙、两岸护坡等。下游翼墙和护坡的基本结构和作用同上游。

（三）水闸的防渗

1.地下轮廓线布置

（1）黏性土地基地下轮廓线布置

黏性土壤具有凝聚力，不易产生管涌，但摩擦系数较小。因此，布置地下轮廓线，主要考虑降低渗透压力，以提高闸室稳定性。闸室上游宜设置水平钢筋混凝土或黏土铺盖，或土工膜防渗铺盖，闸室下游护坦底部应设滤层，下游排水可延伸到闸底板下。

（2）沙性土地基地下轮廓线布置

沙性土地基正好与黏性土地基相反，底板与地基之间摩擦系数较大，有利于闸室稳定，但土壤颗粒之间无黏着力或黏着力很小，易产生管涌，故地下轮廓线布置的控制因素是如何防止渗透变形。

当地基砂层很厚时，一般采用铺盖加板桩的形式来延长渗径，以达到降低渗透坡降和渗透流速。板桩多设在底板上游一侧的齿墙下端。如设置一道板桩不能满足渗径要求时，可在铺盖前端增设一道短板桩，以加长渗径。

当砂层较薄，其下部又有相对不透水层时，可用板桩切入不透水层，切入深度一般不应小于1.0m。

2.防渗排水设施

（1）铺盖

铺盖有黏土和黏壤土铺盖、沥青混凝土铺盖、钢筋混凝土铺盖等。

①黏土和黏壤土铺盖。铺盖与底板连接处为薄弱部位，通常是在该处将铺盖加厚；将底板前端做成倾斜面，使黏土能借自重及其上的荷载与底板紧贴；在连接处铺设油毛毡等止水材料，一端用螺栓固定在斜面上，另一端埋入黏土中，为了防止铺盖在施工期遭受破坏和运行期间被水流冲刷，应在其表面铺砂层，然后在砂层上再铺设单层或双层块石护面。

②沥青混凝土铺盖。沥青混凝土铺盖的厚度一般为5~10cm，在与闸室底板连接处应适当加厚，接缝多为搭接形式。为提高铺盖与底板间的黏结力，可在底板混凝土面先涂一

层稀释的沥青乳胶，再涂一层较厚的纯沥青。沥青混凝土铺盖可以不分缝，但要分层浇筑和压实，各层的浇筑缝要错开。

③钢筋混凝土铺盖。钢筋混凝土铺盖的厚度不宜小于0.4m，在与底板连接处应加厚至0.8~1.0m，并用沉降缝分开，缝中设止水。在顺水流和垂直水流流向均应设沉降缝，间距不宜超过15~20m，在接缝处局部加厚，并设止水。用作阻滑板的钢筋混凝土铺盖，在垂直水流流向仅有施工缝，不设沉降缝。

（2）板桩

板桩长度视地基透水层的厚度而定。当透水层较薄时，可用板桩截断，并插入不透水层至少1.0m；若不透水层埋藏很深，则板桩的深度一般采用0.6~1.0倍水头。用作板桩的材料有木材、钢筋混凝土及钢材三种。

板桩与闸室底板的连接形式有两种，一种是把板桩紧靠底板前缘，顶部嵌入黏土铺盖一定深度；另一种是把板桩顶部嵌入底板底面特设的凹槽内，桩顶填塞可塑性较大的不透水材料。前者适用于闸室沉降量较大，而板桩尖已插入坚实土层的情况；后者则适用于闸室沉降量小，而板桩桩尖未达到坚实土层的情况。

（3）齿墙

闸底板的上、下游端一般均设有浅齿墙，用来增强闸室的抗滑稳定，并可延长渗径。齿墙深一般在1.0m左右。

（4）其他防渗设施

垂直防渗设施在我国有较大进展，就地浇筑混凝土防渗墙、灌注式水泥砂浆帷幕以及用高压旋喷法构筑防渗墙等方法已成功地用于水闸建设。

（5）排水及反滤层

排水一般采用粒径1~2cm的卵石、砾石或碎石平铺在护坦和浆砌石海漫的底部，或伸入底板下游齿墙稍前方，厚0.2~0.3m。在排水与地基接触处（即渗流出口附近）容易发生渗透变形，应做好反滤层。

（四）水闸的消能防冲设施与布置

1.底流消能工

平原地区的水闸，由于水头低，下游水位变幅大，一般都采用底流式消能。消力池是水闸的主要消能区域。

底流消能工的作用是通过在闸下产生一定淹没度的水跃来保护水跃范围内的河床免遭冲刷。

当尾水深度不能满足要求时，可采取降低护坦高程；在护坦末端设消力坎；既降低护坦高程又建消力坎等措施形成消力池。有时还可在护坦上设消力墩等辅助消能工。

消力池布置在闸室之后，池底与闸室底板之间，用1：3~1：4的斜坡连接。为防止产生波状水跃，可在闸室之后留一水平段，并在其末端设置一道小槛；为防止产生折冲水流，还可在消力池前端设置散流墩。如果消力池深度不大（1.0m左右），常把闸门后的闸室底板用1：3的坡度降至消力池底的高程，作为消力池的一部分。

消力池末端一般布置尾槛，用以调整流速分布，减小出池水流的底部流速，且可在槛后产生小横轴旋滚，防止在尾槛后发生冲刷，并有利于平面扩散和消减下游边侧回流。

在消力池中除尾坎外，有时还设有消力墩等辅助消能工，用以使水流受阻，给水流以反力，在墩后形成涡流，加强水跃中的紊流扩散，从而达到稳定水跃、减小和缩短消力池深度和长度的作用。

消力墩可设在消力池的前部或后部，但消能作用不同。消力墩可做成矩形或梯形，设两排或三排交错排列，墩顶应有足够的淹没水深，墩高约为跃后水深的1/5~1/3。在出闸水流流速较高的情况下，宜采用设在后部的消力墩。

2.海漫

护坦后设置海漫等防冲加固设施，以使水流均匀扩散，并将流速分布逐步调整到接近天然河道的水流形态。

一般在海漫起始段做5~10m长的水平段，其顶面高程可与护坦齐平或在消力池尾坎顶以下0.5m左右，水平段后做成不陡于1：10的斜坡，以使水流均匀扩散，调整流速分布，保护河床不受冲刷。

对海漫的要求：表面有一定的粗糙度，以利于进一步消除余能；具有一定的透水性，以便渗水自由排出，降低扬压力；具有一定的柔性，以适应下游河床可能的冲刷变形。

常用的海漫结构有：干砌石海漫、浆砌石海漫、混凝土板海漫、钢丝石笼海漫及其他形式海漫。

3.防冲槽及末端加固

为保证安全和节省工程量，常在海漫末端设置防冲槽、防冲墙或采用其他加固设施。

（1）防冲槽

在海漫末端预留足够的粒径大于30cm的石块，当水流冲刷河床，冲刷坑向预计的深度逐渐发展时，预留在海漫末端的石块将沿冲刷坑的斜坡陆续滚下，散铺在冲坑的上游斜坡上，自动形成护面，使冲刷不再向上扩展。

（2）防冲墙

防冲墙有齿墙、板桩、沉井等形式。齿墙的深度一般为1~2m，适用于冲坑深度较小的工程。如果冲深较大，河床为粉、细砂时，则采用板桩、井柱或沉井。

4.翼墙与护坡

与翼墙连接的一段河岸，由于水流流速较大和回流漩涡，需加做护坡。护坡在靠近翼墙处常做成浆砌石的，然后接以干砌石的，保护范围稍长于海漫，包括预计冲刷坑的侧坡。干砌石护坡每隔6~10m设置混凝土埝或浆砌石埝一道，其断面尺寸约为30cm×60cm。在护坡的坡脚以及护坡与河岸土坡交接处应做一深0.5m的齿墙，以防回流淘刷和保护坡顶。护坡下面需要铺设厚度各为10cm的卵石及粗砂垫层。

（五）闸室的布置和构造

1.底板

常用的闸室底板有水平底板和反拱底板两种类型。

对多孔水闸，为适应地基不均匀沉降和减小底板内的温度应力，需要沿水流方向用横缝（温度沉降缝）将闸室分成若干段，每个闸段可为单孔、两孔或三孔。

横缝设在闸墩中间，闸墩与底板连在一起的，称为整体式底板。整体式底板闸孔两侧闸墩之间不会出现过大的不均匀沉降，对闸门启闭有利，用得较多。整体式底板常用实心结构；当地基承载力较差，如只有30~40kPa时，则需考虑采用刚度大、重量轻的箱式底板。

在坚硬、紧密或中等坚硬、紧密的地基上，单孔底板上设双缝，将底板与闸墩分开的，称为分离式底板。分离式底板闸室上部结构的重量将直接由闸墩或连同部分底板传给地基。底板可用混凝土或浆砌块石建造，当采用浆砌块石时，应在块石表面再浇一层厚约15cm、强度等级为C15的混凝土或加筋混凝土，以使底板表面平整且具有良好的防冲性能。

如地基较好，相邻闸墩之间出现不均匀沉降的情况，还可将横缝设在闸孔底板中间。

2.闸墩

如闸墩采用浆砌块石，为保证墩头的外形轮廓，并加快施工进度，可采用预制构件。大、中型水闸因沉降缝常设在闸墩中间，故墩头多采用半圆形，有时也采用流线型闸墩。

3.闸门

闸门在闸室中的位置与闸室稳定、闸墩和地基应力以及上部结构的布置有关。平面闸门一般设在靠上游侧，有时为了充分利用水重，也可移向下游侧。弧形闸门为了不使闸墩过长，需要靠上游侧布置。

平面闸门的门槽深度决定于闸门的支承形式，检修门槽与工作门槽之间应留有1.0~3.0m净距，以便检修。

4.胸墙

胸墙一般做成板式或梁板式。板式胸墙适用于跨度小于5.0m的水闸。

墙板可做成上薄下厚的楔形板。跨度大于5.0m的水闸可采用梁板式，由墙板、顶梁和底梁组成。当胸墙高度大于5.0m，且跨度较大时，可增设中梁及竖梁构成肋形结构。

胸墙的支承形式分为简支式和固结式两种。简支式胸墙与闸墩分开浇筑，缝间涂沥青；也可将预制墙体插入闸墩预留槽内，做成活动胸墙。固结式胸墙与闸墩同期浇筑，胸墙钢筋伸入闸墩内，形成刚性连接，截面尺寸较小，可以增强闸室的整体性，但受温度变化和闸墩变位影响，容易在胸墙支点附近的迎水面产生裂缝。整体式底板可用固结式胸墙，分离式底板多用简支式胸墙。

5.交通桥及工作桥

交通桥一般设在水闸下游一侧，可采用板式、梁板式或拱形结构。为了安装闸门启闭机和便于操作管理，需要在闸墩上设置工作桥。小型水闸的工作桥一般采用板式结构；大、中型水闸多采用装配式梁板结构。

6.分缝方式及止水设备

（1）分缝方式与布置

为了防止和减少由于地基不均匀沉降、温度变化和混凝土干缩引起底板断裂和裂缝，对于多孔水闸需要沿轴线每隔一定距离设置永久缝。缝距不宜过大或过小。

整体式底板的温度沉降缝设在闸墩中间，单孔、两孔或三孔成为一个独立单元。靠近岸边，为了减轻墙后填土对闸室的不利影响，特别是当地质条件较差时，最好采用单孔，再接两孔或三孔的闸室。若地基条件较好，也可将缝设在底板中间或在单孔底板上设双缝。

为避免相邻结构由于荷重相差悬殊产生不均匀沉降，也要设缝分开，如铺盖与底板、消力池与底板以及铺盖、消力池与翼墙等连接处都要分别设缝。此外，混凝土铺盖及消力池本身也需设缝分段、分块。

（2）止水设备

止水分铅直止水和水平止水两种。前者设在闸墩中间、边墩与翼墙间以及上游翼墙本身；后者设在铺盖、消力池与底板和翼墙、底板与闸墩间以及混凝土铺盖及消力池本身的温度沉降缝内。

（六）水闸与两岸的连接建筑物的形式和布置

1.边墩和岸墙

建在较为坚实地基上、高度不大的水闸，可用边墩直接与两岸或土坝连接。边墩与闸底板的连接，可以是整体式或分离式的，视地基条件而定。边墩可做成重力式、悬臂式或扶壁式。

在闸身较高且地基软弱的条件下，如仍用边墩直接挡土，则由于边墩与闸身地基所受的荷载相差悬殊，可能产生较大的不均匀沉降，影响闸门启闭，在底板内引起较大的应力，甚至产生裂缝。此时，可在边墩背面设置岸墙。边墩与岸墙之间用缝分开，边墩只起支承闸门及上部结构的作用，而土压力则全部由岸墙承担。岸墙可做成悬臂式、扶壁式、空箱式或连拱式。

2.翼墙

上游翼墙的平面布置要与上游进水条件和防渗设施相协调，上端插入岸坡，墙顶要超出最高水位至少0.5~1.0m。当泄洪过闸落差很小，流速不大时，为减小翼墙工程量，墙顶也可淹没在水下。如铺盖前端设有板桩，还应将板桩顺翼墙底延伸到翼墙的上游端。

根据地基条件，翼墙可做成重力式、悬臂式、扶臂式或空箱式等形式。在松软地基上，为减小边荷载对闸室底板的影响，在靠近边墩的一段，宜用空箱式。

常用的翼墙布置有曲线式、扭曲面式、斜降式等几种形式。

对边墩不挡土的水闸，也可不设翼墙，采用引桥与两岸连接，在岸坡与引桥桥墩间设固定的挡水墙。在靠近闸室附近的上、下游两侧岸坡采用钢筋混凝土、混凝土或浆砌块石护坡，再向上、下游延伸接以块石护坡。

3.刺墙

当侧向防渗长度难以满足要求时，可在边墩后设置插入岸坡的防渗刺墙。有时为防止在填土与边墩、翼墙接触面间产生集中渗流，也可做一些短的刺墙。

4.防渗、排水设施

两岸防渗布置必须与闸底地下轮廓线的布置相协调。要求上游翼墙与铺盖以及翼墙插入岸坡部分的防渗布置，在空间上连成一体。若铺盖长于翼墙，在岸坡上也应设铺盖，或在伸出翼墙范围的铺盖侧部加设垂直防渗设施。

在下游翼墙的墙身上设置排水设施，形式有排水孔、连续排水垫层。

二、水闸主体结构的施工技术

（一）底板施工

1.平底板的施工

（1）浇注块划分

混凝土水闸常由沉降缝和温度缝分为许多结构块，施工时应尽量利用结构缝分块。当永久缝间距很大，所划分的浇筑块面积太大，以致混凝土拌和运输能力或浇筑能力满足不了需要时，则可设置一些施工缝，将浇筑块面积划小些。浇注块的大小，可根据施工条件，在体积、面积及高度三个方面进行控制。

（2）混凝土浇筑

闸室地基处理后，软基上先铺筑素混凝土垫层8~10cm，以保护地基，找平基面。浇筑前先进行扎筋、立模、搭设仓面脚手架和清仓等工作。

浇筑底板时，运送混凝土入仓的方法很多。可以用载重汽车装载立罐通过履带式起重机吊运入仓，也可以用自卸汽车通过卧罐、履带式起重机入仓。采用上述两种方法时，都不需要在仓面搭设脚手架。

一般中小型水闸采用手推车或机动翻斗车等运输工具运送混凝土入仓，且须在仓面搭设脚手架。

水闸平底板的混凝土浇筑，一般采用平层浇筑法。但当底板厚度不大，拌和站的生产能力受到限制时，亦可采用斜层浇筑法。

底板混凝土的浇筑，一般先浇上、下游齿墙，然后再从一端向另一端浇筑。当底板混凝土方量较大，且底板顺水流长度在12m以内时，可安排两个作业组分层浇筑。两组先同时浇筑下游齿墙，待齿墙浇平后，将第二组调至上游齿墙，另一组自下游向上游开浇第一坯底板。上游齿墙组浇完，立即调到下游开浇第二坯，而第一坯组浇完又调头浇第三坯。这样交替连环浇注可缩短每坯间隔时间，加快进度，避免产生冷缝。

钢筋混凝土底板，往往有上下两层钢筋。在进料口处，上层钢筋易被砸变形。故开始浇筑混凝土时，该处上层钢筋可暂不绑扎，待混凝土浇筑面将要到达上层钢筋位置时，再进行绑扎，以免因校正钢筋变形延误浇筑时间。

2.反拱底板的施工

（1）施工程序

由于反拱底板对地基的不均匀沉陷反应敏感，因此必须注意施工程序。目前采用的有下述两种方法。

①先浇筑闸墩及岸墙，后浇注反拱底板。为减少水闸各部分在自重作用下产生不均匀沉陷，造成底板开裂破坏，应尽量将自重较大的闸墩、岸墙先浇筑到顶（以基底不产生塑性为限）。接缝钢筋应预埋在墩墙底板中，以备今后浇入反拱底板内。岸墙应及早夯填到顶，使闸墩岸墙地基预压沉实。此法目前采用较多，对于黏性土或砂性土地基均可采用。

②反拱底板与闸墩岸墙底板同时浇筑。此法适用于地基较好的水闸，虽然对反拱底板的受力状态较为不利，但其保证了建筑的整体性，同时减少了施工工序，便于施工安排。对于缺少有效排水措施的砂性土地基，采用此法较为有利。

（2）施工要点

①由于反拱底板采用土模，因此必须做好基坑排水工作。尤其是沙土地基，不做好排水工作，拱模控制将很困难。

②挖模前将基土夯实，再按设计要求放样开挖；土模挖好后，在其上先铺一层约10cm厚的砂浆，具有一定强度后加盖保护，以待浇筑混凝土。

③采用第一种施工程序，在浇筑岸、墩墙底板时，应将接缝钢筋一头埋在岸、墩墙底

板之内，另一头插入土模中，以备下一阶段浇入反拱底板。岸、墩墙浇筑完毕后，应尽量推迟底板的浇筑，以便岸、墩墙基础有更多的时间沉实。反拱底板尽量在低温季节浇筑，以减小温度应力，闸墩底板与反拱底板的接缝按施工缝处理，以保证其整体性。

④当采用第二种施工程序时，为了减少不均匀沉降对整体浇筑的反拱底板的不利影响，可在拱脚处预留一缝，缝底设临时铁皮止水，缝顶设"假铰"，待大部分上部结构荷载施加以后，便在低温期用二期混凝土封堵。

⑤为了保证反拱底板的受力性能，在拱腔内浇筑的门槛、消力坎等构件，需在底板混凝土凝固后浇筑二期混凝土，且不应使两者成为一个整体。

（二）闸墩施工

1.闸墩模板安装

（1）"铁板螺栓、对拉撑木"的模板安装

立模前，应准备好固定模板的对销螺栓及空心钢管等。常用的对销螺栓有两种形式：一种是两端都带螺纹的圆钢；另一种是一端带螺纹另一端焊接上一块5mm×40mm×400mm扁铁的螺栓，扁铁上钻两个圆孔，以便将其固定在对拉撑木上。空心圆管可用长度等于闸墩厚度的毛竹或混凝土空心撑头。

闸墩立模时，其两侧模板要同时相对进行。先立平直模板，后立墩头模板。在闸底板上架立第一层模板时，必须保持模板上口水平。在闸墩两侧模板上，每隔1m左右钻与螺栓直径相应的圆孔，并于模板内侧对准圆孔撑以毛竹或混凝土撑头，然后将螺栓穿入，且两头穿出横向围图和竖向围图，然后用螺帽固定在竖向围图上。铁板螺栓带扁铁的一端与水平拉撑木相接，与两端基础螺丝的螺栓相间布置。

（2）翻模施工

翻模施工法立模时一次至少立三层，当第二层模板内混凝土浇至腰箍下缘时，第一层模板内腰箍以下部分的混凝土须达到脱模强度，这样便可拆掉第一层，去架立第四层模板，并绑扎钢筋。依此类推，保持混凝土浇筑的连续性，以避免产生冷缝。

2.混凝土浇筑

闸墩模板立好后，随即进行清仓工作。清仓用高压水冲洗模板内侧和闸墩底面，污水则由底层模板的预留孔排出，清仓完毕堵塞小孔后，即可进行混凝土浇筑。闸墩混凝土的浇筑，主要是解决好两个问题，一是每块底板上闸墩混凝土的均衡上升；二是流态混凝土的入仓方式及仓内混凝土的铺筑方法。

当落差大于2m时，为防止流态混凝土下落产生离析，应在仓内设置溜管，可每隔2~3m设置一组。仓内可把浇筑面分划成几个区段，分段进行浇筑。每坯混凝土厚度可控制在30cm左右。

（三）止水设施的施工

1.沉陷缝填料的施工

沉陷缝的填充材料，常用的有沥青油毛毡、沥青杉木板及泡沫板等多种。填料的安装有两种方法。

一种是先将填料用铁钉固定在模板内侧，再浇混凝土，拆模后填料即粘在混凝土面上，然后再浇另一侧混凝土，填料即牢固地嵌入沉陷缝内。如果沉陷缝两侧的结构需要同时浇灌，则沉陷缝的填充材料在安装时要竖立平直，浇筑时沉陷缝两侧流态混凝土的上升高度要一致。

另一种是先在缝的一侧立模浇混凝土，并在模板内侧预先钉好安装填充材料的长铁钉数排，并使铁钉的1/3留在混凝土外面，然后安装填料、敲弯铁尖，使填料固定在混凝土面上，再立另一侧模板和浇混凝土。

2.止水的施工

凡是位于防渗范围内的缝，都有止水设施，止水包括水平止水和垂直止水，常用的有止水片和止水带。

（1）水平止水

水平止水大都采用塑料止水带，其安装与沉陷缝的安装方法一样。

（2）垂直止水

止水部分的金属片，重要部分用紫铜片，一般用铝片、镀锌铁皮或镀铜铁皮等。

对于需灌注沥青的结构形式，可按照沥青井的形状预制混凝土槽板，每节长度可为0.3~0.5m，与流态混凝土的接触面应凿毛，以利结合。安装时需涂抹水泥砂浆，随缝的上升分段接高。沥青井的沥青可一次灌注，也可分段灌注。止水片接头要进行焊接。

（3）接缝交叉的处理

止水交叉有两类：一是垂直交叉（指垂直缝与水平缝的交叉），二是水平交叉（指水平缝与水平缝的交叉）。交叉处止水片的连接方式也可分为两种：一种是柔性连接，即将金属止水片的接头部分埋在沥青块体中；另一种是刚性连接，即将金属止水片剪裁后焊接成整体。在实际工程中可根据交叉类型及施工条件决定连接方法，垂直交叉常用柔性连接，而水平交叉则多用刚性连接。

（四）门槽二期混凝土施工

1.门槽垂直度控制

门槽及导轨必须垂直无误，所以在立模及浇筑过程中应随时用吊锤校正。校正时，可在门槽模板顶端内侧钉一根大铁钉（钉入2/3长度），然后把吊锤系在铁钉端部，待吊锤静止后，用钢尺量取上部与下部吊锤线到模板内侧的距离，如相等则该模板垂直，否则按照偏斜方向予以调正。

2.门槽二期混凝土浇筑

在闸墩立模时，于门槽部位留出较门槽尺寸大的凹槽。闸墩浇筑时，预先将导轨基础螺栓按设计要求固定于凹槽的侧壁及正壁模板，模板拆除后基础螺栓即埋入混凝土中。

导轨安装前，要对基础螺栓进行校正，安装过程中必须随时用垂球进行校正，使其垂直无误。导轨就位后即可立模浇筑二期混凝土。

闸门底槛设在闸底板上，在施工初期浇筑底板时，若铁件不能完成，亦可在闸底板上留槽以后浇二期混凝土。

浇筑二期混凝土时，应采用较细骨料混凝土，并细心捣实，不要振动已装好的金属构件。门槽较高时，不要直接从高处下料，可以分段安装和浇筑。二期混凝土拆模后，应对埋件进行复测，并做好记录，同时检查混凝土表面尺寸，清除遗留的杂物、钢筋头，以免影响闸门启闭。

3.弧形闸门的导轨安装及二期混凝土浇筑

弧形闸门的启闭是绕水平轴转动，转动轨迹由支臂控制，所以不设门槽，但为了减小启闭门力，在闸门两侧亦设置转轮或滑块，因此也有导轨的安装及二期混凝土施工。

为了便于导轨的安装，在浇筑闸墩时，根据导轨的设计位置预留20cm×80cm的凹槽，槽内埋设两排钢筋，以便用焊接方法固定导轨。安装前应对预埋钢筋进行校正，并在预留槽两侧，设立垂直闸墩侧面并能控制导轨安装垂直度的若干对称控制点。安装时，先将校正好的导轨分段与预埋的钢筋临时点焊接数点，待按设计坐标位置逐一校正无误，并根据垂直平面控制点，用样尺检验调整导轨垂直度后，再电焊牢固，最后浇二期混凝土。

三、闸门的安装方法

（一）平面闸门安装

1.埋件安装

闸门的埋件是指埋设在混凝土内的门槽固定构件，包括底槛、主轨、侧轨、反轨和门楣等。安装顺序一般是设置控制点线，清理、校正预埋螺栓，吊入底槛并调整其中心、高程、里程和水平度，经调整、加固、检查合格后，浇筑底槛二期混凝土。设置主、反、侧轨安装控制点，吊装主轨、侧轨、反轨和门楣并调整各部件的高程、中心、里程、垂直度及相对尺寸，经调整、加固、检查合格，分段浇筑二期混凝土。二期混凝土拆模后，复测埋件的安装精度和二期混凝土槽的断面尺寸，超出允许误差的部位需进行处理，以防闸门关闭不严、出现漏水或启闭时出现卡阻现象。

2.门叶安装

如门叶尺寸小，则在工厂制成整体运至现场，经复测检查合格，装上止水橡皮等附件后，直接吊入门槽。如门叶尺寸大，由工厂分节制造，运到现场后组装。

（1）闸门组装。组装时，要严格控制门叶的平直性和各部件的相对尺寸。分节门叶的节间联结通常采用焊接、螺栓联结、销轴联结三种方式。

（2）闸门吊装。分节门叶的节间如果是螺栓和销轴联结的闸门，若起吊能力不够，在吊装时需将已组成的门叶拆开，分节吊入门槽，在槽内再联结成整体。

（3）闸门启闭试验。

闸门安装完毕后，需做全行程启闭试验，要求门叶启闭灵活无卡阻现象，闸门关闭严密，漏水量不超过允许值。

（二）弧形闸门安装

1.露顶式弧形闸门安装

露顶式弧形闸门包括底槛、侧止水座板、侧轮导板、铰座和门体。安装顺序：

第一，在一期混凝土浇筑时预埋铰座基础螺栓，为保证铰座的基础螺栓安装准确，可用钢板或型钢将每个铰座的基础螺栓组焊在一起，进行整体安装、调整、固定。

第二，埋件安装，先在闸孔混凝土底板和闸墩边墙上放出各埋件的位置控制点，接着安装底槛、侧止水座板、侧轮导板和铰座，并浇筑二期混凝土。

第三，门体安装，有分件安装和整体安装两种方法。分件安装是先将铰链吊起，插入铰座，于空间穿轴，再吊支臂用螺栓与铰链连接；也可先将铰链和支臂组成整体，再吊起插入铰座进行穿轴；若起吊能力许可，可在地面穿轴后，再整体吊入。2个支臂装好后，将其调至同一高程，再将面板分块装于支臂上，调整合格后，进行面板焊接和将支臂端部与面板相连的连接板焊好。门体装完后起落2次，使其处于自由状态，然后安装侧止水橡皮，补刷油漆，最后再启闭弧门检查有无卡阻和止水不严现象。整体安装是在闸室附近搭设的组装平台上进行，将2个已分别与铰链连接的支臂按设计尺寸用撑杆连成一体，再于支臂上逐个吊装面板，将整个面板焊好，经全面检查合格，拆下面板，将2个支臂整体运入闸室，吊起插入铰座，进行穿轴，而后吊装面板。此法一次起吊重量大，2个支臂组装时，其中心距要严格控制，否则会给穿轴带来困难。

2.潜孔式弧形闸门安装。

设置在深孔和隧洞内的潜孔式弧形闸门，顶部有混凝土顶板和顶止水，其埋件除与露顶式相同的部分外，一般还有铰座钢梁和顶门楣。安装顺序：

第一，铰座钢梁宜和铰座组成整体，吊入二期混凝土的预留槽中安装。

第二，埋件安装。深孔弧形闸门是在闸室内安装，故在浇筑闸室一期混凝土时，就须将锚钩埋好。

第三，门体安装方法与露顶式弧形闸门的基本相同，可以分件装，也可整体装。门体装完后要起落数次，根据实际情况，调整顶门楣，使弧形闸门在启闭过程中不发生卡阻现象，同时门楣上的止水橡皮能和面板接触良好，以免启闭过程中门叶顶部发生涌水现象。调整合格后，浇筑顶门楣二期混凝土。

第四，为防止闸室混凝土在流速高的情况下发生空蚀和冲蚀，有的闸室内壁设钢板衬砌。钢衬可在二期混凝土时安装，也可在一期混凝土时安装。

（三）人字闸门安装

人字闸门由底枢装置、顶枢装置、支枕装置、止水装置和门叶组成。人字闸门分埋件和门叶两部分进行安装。

1.埋件安装

包括底枢轴座、顶枢埋件、枕座、底槛和侧止水座板等。其安装顺序：设置控制点，校正预埋螺栓，在底枢轴座预埋螺栓上加焊调节螺栓和垫板。将埋件分别布置在不同位置，根据已设置的控制点进行调整，符合要求后，加固并浇筑二期混凝土。为保证底止水安装质量，在门叶全部安装完毕后，进行启闭试验时安装底槛，安装时以门叶实际位置为基准，并根据门叶关闭后止水橡皮的压缩程度适当调整底槛，合格后浇筑二期混凝土。

2.门叶安装

首先在底枢轴座上安装半圆球轴（蘑菇头），同时测出门叶的安装位置，一般设置在与闸门全开位置呈120°~130°的夹角处。门叶安装时需有2个支点，底枢半圆球轴为一支点，在接近斜接柱的纵梁隔板处用方木或型钢铺设另一临时支点。根据门叶大小、运输条件和现场吊装能力，通常采用整体吊装、现场组装和分节吊装等三种安装方法。

四、启闭机的安装方法

（一）固定式启闭机的安装

1.卷扬式启闭机的安装

卷扬式启闭机由电动机、减速箱、传动轴和绳鼓所组成。卷扬式启闭机是由电力或人力驱动减速齿轮，从而驱动缠绕钢丝绳的绳鼓，借助绳鼓的转动，收放钢丝绳使闸门升降。

固定卷扬式启闭机安装顺序：

第一，在水工建筑物混凝土浇筑时埋入机架基础螺栓和支承垫板，在支承垫板上放置调整用楔形板。

第二，安装机架。按闸门实际起吊中心线找正机架的中心、水平、高程，拧紧基础螺母，浇筑基础二期混凝土，固定机架。

第三，在机架上安装、调整传动装置，包括：电动机、弹性联轴器、制动器、减速器、传动轴、齿轮联轴器、开式齿轮、轴承、卷筒等。

固定卷扬式启闭机的调整顺序：

第一，按闸门实际起吊中心找正卷筒的中心线和水平线，并将卷筒轴的轴承座螺栓拧紧。

第二，以与卷筒相连的开式大齿轮为基础，使减速器输出端开式小齿轮与大齿轮啮合正确。

第三，以减速器输入轴为基础，安装带制动轮的弹性联轴器，调整电动机位置使联轴器的两片的同心度和垂直度符合技术要求。

第四，根据制动轮的位置，安装与调整制动器；若为双吊点启闭机，要保证传动轴与两端齿轮联轴节的同轴度。

第五，传动装置全部安装完毕后，检查传动系统动作的准确性、灵活性，并检查各部分的可靠性。

第六，安装排绳装置、滑轮组、钢丝绳、吊环、扬程指示器、行程开关、过载限制器、过速限制器及电气操作系统等。

2.螺杆式启闭机的安装

螺杆式启闭机是中小型平面闸门普遍采用的启闭机。它由摇柄、主机和螺栓组成。螺杆的下端与闸门的吊头连接，上端利用螺杆与承重螺母相扣合。当承重螺母通过与其连接的齿轮被外力（电动机或手摇）驱动而旋转时，它驱动螺杆做垂直升降运动，从而启闭闸门。

安装过程包括基础埋件的安装、启闭机安装、启闭机单机调试、启闭机负荷试验。

安装前，首先检查启闭机各传动轴，轴承及齿轮的转动灵活性和啮合情况，着重检查螺母螺纹的完整性，必要时应进行妥善处理。

检查螺杆的平直度，每米长弯曲超过0.2mm或有明显弯曲处可用压力机进行机械校直。螺杆螺纹容易碰伤，要逐圈进行检查和修正。无异状时，在螺纹外表涂以润滑油脂，并将其拧入螺母，进行全行程的配合检查，不合适处应修正螺纹。然后整体竖立，将它吊入机架或工作桥上就位，以闸门吊耳找正螺杆下端连接孔，并进行连接。

挂一线锤，以螺杆下端头为准，移动螺杆启闭机底座，使螺杆处于垂直状态。对双吊点的螺杆式启闭机，两侧螺杆找正后，安装中间同步轴，螺杆找正和同步轴连接合格后，最后把机座固定好。

对电动螺杆式启闭机，安装电动机及其操作系统后应做电动操作试验及行程限位整定等。

3.液压式启闭机的安装

液压式启闭机由机架、油缸、油泵、阀门、管路、电机和控制系统等组成。油缸拉杆下端与闸门吊耳铰接。液压式启闭机分单向与双向两种。

液压式启闭机通常由制造厂总装并试验合格后整体运到工地，若运输保管得当，且出厂不满一年，可直接进行整体安装，否则，要在工地进行分解、清洗、检查、处理和重新装配。安装程序：

第一，安装基础螺栓，浇筑混凝土。

第二，安装和调整机架。

第三，油缸吊装于机架上，调整固定。

第四，安装液压站与油路系统。

第五，滤油和充油。

第六，启闭机调试后与闸门联调。

（二）移动式启闭机的安装

移动式启闭机安装在坝顶或尾水平台上，能沿轨道移动，用于启闭多台工作闸门和检修闸门。常用的移动式启闭机有门式、台式和桥式等。

移动式启闭机行走轨道均采取嵌入混凝土方式，先在一期混凝土中埋入基础调节螺栓，经位置校正后，安放下部调节螺母及垫板，然后逐根吊装轨道，调整轨道高程、中心、轨距及接头错位，再用上压板和夹紧螺母紧固，最后分段浇筑二期混凝土。

第二节　渠系主要建筑物的施工技术

一、渠系建筑物组成及特点

在渠道上修建的建筑物称为渠道系统中的水工建筑物，简称渠系建筑物。

（一）渠系建筑物的分类

渠系建筑物按其作用可分为：

1.渠道

是指为农田灌溉、水力发电、工业及生活输水用的、具有自由水面的人工水道。

2.调节及配水建筑物

用以调节水位和分配流量所修建的建筑物，如节制闸、分水闸等。

3.交叉建筑物

渠道与山谷、河流、道路、山岭等相交时所修建的建筑物，如渡槽、倒虹吸管、涵洞等。

4.落差建筑物

在渠道落差集中处修建的建筑物，如跌水、陡坡等。

5.泄水建筑物

为保护渠道及建筑物安全或进行维修，用以放空渠水的建筑物，如泄水闸、虹吸泄洪道等。

6.冲沙和沉沙建筑物

为防止和减少渠道淤积，在渠首或渠系中设置的冲沙和沉沙设施，如冲沙闸、沉沙池等。

7.量水建筑物

用以计量输配水量的设施，如量水堰等。

（二）渠系建筑物的特点

1.面广量大、总投资多

渠系中的建筑物，一般规模不大，但数量多，总的工程量和造价在整个工程中所占比重较大。

2.同一类型建筑物的工作条件、结构形式、构造尺寸较为近似

同一类型的渠系建筑物的工作条件一般较为近似，因此，在一个灌区内可以较多地采用同一的结构形式和施工方法，广泛采用定型设计和预制装配式结构。

（三）渠系建筑物的组成

1.渠道

（1）渠道的分类

渠道按用途可分为灌溉渠道、动力渠道（引水发电用）、供水渠道、通航渠道和排水渠道等。

（2）渠道的横断面

渠道横断面的形状，在土基上多采用梯形，两侧边坡根据土质情况和开挖深度或填筑高度确定，一般用 $1:1 \sim 1:2$，在岩基上接近矩形。

断面尺寸取决于设计流量和不冲不淤流速，可根据给定的设计流量、纵坡等用明渠均匀流公式计算确定。

（3）渠道防渗

实践证明，对渠道进行砌护防渗，不仅可以消除渗漏带来的危害，还能减小渠道糙

率，提高输水能力和抗冲能力，进而可以减少渠道断面及渠系建筑物的尺寸。

为减小渗漏量和降低渠床糙率，一般均须在渠床加做护面，护面材料主要有：砌石、黏土、灰土、混凝土以及防渗膜等。

2.渡槽

（1）渡槽的作用和组成

渡槽是渠道跨越河、沟、路或洼地时修建的过水桥。它由进口段、槽身、支承结构、基础和出口段等部分组成。

渡槽与倒虹吸管相比具有水头损失小，便于运行管理等优点，在渠道绕线或高填方案不经济时，往往优先考虑渡槽方案，渡槽是渠系建筑物中应用最广的交叉建筑物之一。

渡槽除输送渠水外，还用于排洪和导流等方面。当挖方渠道与冲沟相交时，为防止山洪及泥沙入渠，在渠道上修建排洪渡槽。当在流量较小的河道上进行施工导流时，可在基坑上修建渡槽，以使上游来水通过渡槽泄向下游。

（2）渡槽的形式

渡槽根据支承结构形式可分为梁式渡槽和拱式渡槽两大类。

①梁式渡槽。梁式渡槽的槽身搁置在槽墩或槽架上，槽身在纵向起梁的作用。

梁式渡槽的跨度大小与地形地质条件、支撑高度、施工方法等因素有关，一般不大于20m，常采用8~15m。梁式渡槽的优点是结构比较简单，施工较方便。当跨度较大时，可采用预应力混凝土结构。

②拱式渡槽。当槽身支承在拱式支承结构上时，称为拱式渡槽。其支撑结构由槽墩、主拱圈、拱上结构组成。主拱圈主要承受压应力，可用抗拉强度小而抗压强度大的材料（如石料、混凝土等）建造，并可用于大跨度。

（3）渡槽的整体布置

渡槽的整体布置包括槽址选择、结构选型、进出口段的布置。

梁式渡槽的槽身横断面常用矩形和U形，矩形槽身可用浆砌石或钢筋混凝土建造。拱式渡槽的槽身一般为预制的钢筋混凝土U形槽或矩形槽。

为使槽内水流与渠道平顺衔接，在渡槽的进、出口需要设置渐变段。

3.倒虹吸管

（1）进口段

进口段包括：渐变段、闸门、拦污栅，有的工程还设有沉沙池。进口段要与渠道平顺衔接，以减少水头损失。渐变段可以做成扭曲面或八字墙等形式。闸门用于管内清淤和检修。不设闸门的小型倒虹吸管，可在进口侧墙上预留检修门槽，需用时临时插板挡水。拦污栅用于拦污和防止人畜落入渠内被吸进倒虹吸管。

在多泥沙河流上，为防止渠道水流携带的粗颗粒泥沙进入倒虹吸管，可在闸门与拦污栅前设置沉沙池。

（2）出口段

出口段的布置形式与进口段基本相同。单管可不设闸门；若为多管，可在出口段侧墙上预留检修门槽。出口渐变段比进口渐变段稍长。

（3）管身

管身断面可为圆形或矩形。圆形管因水力条件和受力条件较好，大、中型工程多采用这种形式。矩形管仅用于水头较低的中、小型工程。根据流量大小和运用要求，倒虹吸管可以设计成单管、双管或多管。在管路变坡或转弯处应设置镇墩。

4.涵洞

第一，涵洞是渠道与溪谷、道路等相交叉时，为宣泄溪谷来水或输送渠水，在填方渠道或道路下修建的交叉建筑物。

第二，涵洞由进口段、洞身和出口段三部分组成。其顶部往往有填土。涵洞一般不设闸门，有闸门时称为涵洞式或封闭式水闸。进、出口段是洞身与渠道或沟溪的连接部分，其形式选择应使水流平顺地进出洞身，以减小水头损失。

第三，小型涵洞的进、出口段都用浆砌石建造。大、中型工程可采用混凝土或钢筋混凝土结构。为适应不均匀沉降，常用沉降缝与洞身分开，缝间设止水。

第四，由于水流状态的不同，涵洞可能是无压的、有压的或半有压的。有压涵洞的特点是工作时水流充满整个洞身断面，洞内水流自进口至出口均处于有压流状态；无压涵洞是渠道上输水涵洞的主要形式，其特点是洞内水流具有自由表面，自进口至出口始终保持无压流状态；半有压涵洞的特点是进口洞顶水流封闭，但洞内的水流仍具有自由表面。

第五，涵洞的形式一般是指洞身的形式。根据用途、工作特点、结构形式和建筑材料等常分为圆形、箱式、盖板式及拱形等。圆形涵洞受力条件好，泄水能力大，易于预制，适用于上面填土较厚的情况，为有压涵洞的主要形式；箱式涵洞多为四边封闭的矩形钢筋混凝土结构，泄量大时可用双孔或多孔，适用于填土较浅的无压或低压涵洞；拱形涵洞顶部为拱形，也有单孔和多孔之分，常用混凝土和浆砌石做成，适用于填土高度及跨度较大而侧压力较小的无压涵洞。

5.跌水及陡坡

第一，当渠道通过地面坡度较陡的地段或天然跌坎，在落差集中处可建跌水或陡坡。使渠道上游水流自由跌落到下游渠道的落差建筑物称为跌水。使上游渠道沿陡槽下泄到下游渠道的落差建筑物，称为陡坡。

第二，根据地面坡度大小和上下游渠道落差的大小，可采用单级跌水或多级跌水。二者构造基本相同。跌水的上下游渠底高差称为跌差。一般土基上单级跌水的跌差小于3~5m，超过此值时宜做成多级跌水。

第三，单级跌水一般由进口连接段、跌水口、跌水墙、侧墙、消力池和出口连接段组成。多级跌水的组成和构造与单级跌水相同，只是将消力池做成几个阶梯，各级落差和消力池长度都相等，使每级具有相同的工作条件，并便于施工。

第四，陡坡的构造与跌水相似，不同之处是陡坡段代替了跌水墙。

二、渠系主要建筑物的施工方法

（一）渠道施工

1.渠道开挖

（1）人工开挖

①施工排水。渠道开挖首先要解决地表水或地下水对施工的干扰问题，办法是在渠道中设置排水沟。排水沟的布置既要方便施工，又要保证排水的通畅。

②开挖方法。在干地上开挖，应自渠道中心向外，分层下挖，先深后宽。为方便施工，加快工程进度，边坡处可先按设计坡度要求挖成台阶状，待挖至设计深度时再进行削坡。开挖后的弃土，应先行规划，尽量做到挖填平衡。开挖方法有一次到底法和分层下挖法。

一次到底法适用于土质较好，挖深2~3m的渠道。开挖时先将排水沟挖到低于渠底设计高程0.5m处，然后按阶梯状向下逐层开挖至渠底。

分层下挖法适用于土质较软、含水量较高、渠道挖深较大的情况。可将排水沟布置在渠道中部，逐层下挖排水沟，直至渠底。当渠道较宽时，可采用翻滚排水沟法施工，排水沟断面小，施工安全，施工布置灵活。

③边坡开挖与削坡。开挖渠道如一次开挖成坡，将影响开挖进度。因此。一般先按设计坡度要求挖成台阶状，其高宽比按设计坡度要求开挖，最后进行削坡。

（2）机械开挖

①推土机开挖。推土机开挖，渠道深度一般不宜超过1.5~2.0m，填筑渠堤高度不宜超过2~3m，其边坡不宜陡于1∶2。推土机还可用于平整渠底，清除腐殖土层、压实渠堤等。

②铲运机开挖。铲运机最适宜开挖全挖方渠道或半挖半填渠道。对需要在纵向调配土方的渠道，如运距不远，也可用铲运机开挖。铲运机开挖渠道的开行方式有：

环形开行：当渠道开挖宽度大于铲土长度，而填土或弃土宽度又大于卸土长度，可采用横向环形开行。反之，则采用纵向环形开行，铲土和填土位置可逐渐错动，以完成所需断面。

"8"字形开行：当工作前线较长，填挖高差较大时，则应采用"8"字形开行。其进口坡道与挖方轴线间的夹角以40°~60°为宜，过大则重车转弯不便，过小则加大运距。

③爆破开挖。采用爆破法开挖渠道时，药包可根据开挖断面的大小沿渠线布置成一排或几排。当渠底宽度大于深度的2倍以上时，应布置2~3排以上的药包，但最多不宜超过5排，以免爆破后回落土方过多。单个药包装药量及间、排距应根据爆破试验确定。

2. 渠堤填筑

渠堤填筑前要进行清基，清除基础范围内的块石、树根、草皮、淤泥等杂质，并将基面略加平整，然后进行刨毛。如基础过于干燥，还应洒水湿润，然后再填筑。

筑堤用的土料，以土块小的湿润散土为宜，如沙质壤土或沙质黏土。如用几种土料，应将透水性小的土料填筑在迎水面，透水性大的土料填筑在背水面。土料中不得掺有杂质，并应保持一定的含水量，以利压实。严禁使用冻土、淤泥、净砂等。

填方渠道的取土坑与堤脚应保持一定距离，挖土深度不宜超过2m，取土宜先远后近，并留有斜坡道以便运土。半填半挖渠道应尽量利用挖方填堤，只有土料不足或土质不能满足填筑要求时，才在取土坑取土。

渠堤填筑应分层进行。每层铺土厚度以20~30cm为宜，并应铺平铺匀。每层铺土宽度应保证土堤断面略大于设计宽度，以免削坡后断面不足。堤顶应做成坡度为2%~4%的坡面，以利排水。填筑高度应考虑沉陷，一般可预加5%的沉陷量。

3. 渠道衬护

（1）灰土衬护

灰土是由石灰和土料混合而成。衬护的灰土比一般为1：2~1：6（重量比）。衬护厚度一般为20~40cm。灰土施工时，先将过筛后的细土和石灰粉干拌均匀，再加水拌和，然后堆放一段时间，使石灰粉充分熟化，稍干后即可分层铺筑夯实，拍打坡面消除裂缝。

灰土夯实后应养护一段时间再通水。

（2）砌石衬护

砌石衬护有三种形式：干砌块石、干砌卵石和浆砌块石。干砌块石用于土质较好的渠道，主要起防冲作用；浆砌块石用于土质较差的渠道，起抗冲防渗作用。

用干砌卵石衬砌施工时，应先按设计要求铺设垫层，然后再砌卵石。砌筑卵石以外形稍带扁平而大小均匀的为好。砌筑时应采用直砌法，即要求卵石的长边垂直于边坡或渠底，并砌紧、砌平、错缝，且坐落在垫层上。为了防止砌面被局部冲毁而扩大，每隔10~20m距离，用较大的卵石干砌或浆砌一道隔墙，隔墙深60~80cm，宽40~50cm，以增加渠底和边坡的稳定性。渠底隔墙可砌成拱形，其拱顶迎向水流方向，以提高抗冲能力。

砌筑顺序应遵循"先渠底，后边坡"的原则。

块石衬砌时，石料的规格一般以长40~50cm，宽30~40cm，厚度不小于8~10cm为宜，要求有一面平整。

（3）混凝土衬护

混凝土衬护由于防渗效果好，一般能减少90%以上渗漏量，耐久性强，糙率小，强度高，便于管理，适应性强，因而成为一种广泛采用的衬护方法。

混凝土衬护有现场浇筑和预制装配两种形式。前者接缝少、造价低，适用于挖方渠段，后者受气候条件影响小，适用于填方渠段。

大型渠道的混凝土衬护多采用现浇施工。在渠道开挖和压实后，先设置排水，铺设垫层，然后浇筑混凝土。浇筑时按结构缝分段，一般段长为10m左右，先浇渠底，后浇渠面。渠底一般采用跳仓法浇筑。

装配式混凝土预制板衬护，是在预制厂制作混凝土衬护板，运至现场后进行安装，然后灌注填缝材料。装配式混凝土预制板衬护，具有质量容易保证、施工受气候条件影响较小的特点。但接缝较多且防渗、抗冻性能较差，故多用于中小型渠道。

（4）沥青材料衬护

沥青材料渠道衬砌有沥青薄膜与沥青混凝土两大类。

沥青薄膜类防渗按施工方法可分为现场浇筑和装配式两种。现场浇筑又可分为喷洒沥青和沥青砂浆两种。

现场喷洒沥青薄膜施工，首先要求将渠床整平、压实，并洒少许水，然后将温度为200℃的软化沥青用喷洒机具，在354kPa压力下均匀地喷洒在渠床上，形成厚6~7mm的防渗薄膜。一般需喷洒两层以上，各层间需结合良好。喷洒沥青薄膜后，应及时进行质量检查和修补工作。最后在薄膜表面铺设保护层。

沥青砂浆防渗多用于渠底。施工时先将沥青和砂分别加热，然后进行拌和，拌好后保持在160~180℃，进行现场摊铺，然后用大方铣反复烫压，直至出油，再做保护层。

（5）塑料薄膜衬护

用于渠道防渗的塑料薄膜厚度以0.12~0.20mm为宜。塑料薄膜的铺设方式有表面式和埋藏式两种。表面式是将塑料薄膜铺于渠床表面，埋藏式是在铺好的塑料薄膜上铺筑土料或砌石作为保护层。保护层厚度一般不小于30cm，在寒冷地区要再加厚。

塑料薄膜衬砌渠道施工，大致可分为渠床开挖和修整、塑料薄膜的加工和铺设、保护层的填筑等三个施工过程。塑料薄膜的接缝可采用焊接或搭接。

（二）渡槽施工

1.装配式渡槽施工

装配式渡槽施工包括预制和吊装两个过程。

（1）构件的预制

①槽架的预制。槽架是渡槽的支承构件，为了便于吊装，一般选择靠近槽址的场地预制。制作的方式有地面立模和砖土胎模两种。

地面立模：在平坦夯实的地面上用1:3:8的水泥、黏土、砂浆抹面，厚约1cm，压抹光滑作为底模，立上侧模后就地浇制，拆模后，当强度达到70%时，即可移出存放，以便重复利用场地。

砖土胎模：其底模和侧模均采用砌砖或夯实土做成，与构件接触面用水泥、黏土、砂浆抹面，并涂上脱模剂即可。使用土模应做好四周的排水工作。

②槽身的预制。槽身的预制宜在两槽架之间或槽架一侧进行。槽身的方向可以垂直或平行于渡槽的纵向轴线，根据吊装设备和方法而定。要避免因预制位置选择不当，从而造成起吊时发生摆动或冲击现象。

③预应力构件的制造。在制造装配式梁、板及柱时采取预应力钢筋混凝土结构，不仅能提高混凝土的抗裂性与耐久性，减轻构件自重，并可节约钢筋20%~40%。预应力就是在构件使用前，预先加一个力，使构件产生应力，以抵消构件使用时荷载产生相反的应力。制造预应力钢筋混凝土构件的方法很多，基本上可分为先张法和后张法两大类。

先张法就是在浇筑混凝土之前，先将钢筋拉张固定，然后立模浇筑混凝土。等混凝土完全硬化后，去掉拉张设备或剪断钢筋，利用钢筋弹性收缩的作用，通过钢筋与混凝土间的粘结力把压力传给混凝土，使混凝土产生预应力。

后张法就是在混凝土浇好以后再张拉钢筋。这种方法是在设计配置预应力钢筋的部位，预先留出孔道，等到混凝土达到设计强度后，再穿入钢筋进行拉张，拉张锚固后，让混凝土获得压应力，并在孔道内灌浆，最后卸去锚固外面的拉张设备。

（2）渡槽的吊装

①槽架的吊装。槽架下部结构有支柱、横梁和整体排架等。支柱和排架的吊装通常有垂直吊插法和就地旋转立装法两种。

垂直吊插法是用吊装机具将整个排架垂直吊离地面后，再对准并插入基础预留的杯口中校正固定的吊装方法。

就地旋转立装法是把支架当作一旋转杠杆，其旋转轴心设于架脚，并于基础铰接好，吊装时用起重机吊钩拉吊排架顶部，排架就地旋转立于基础上。

②槽身的吊装。槽身的吊装，基本上可分为两类，即起重设备架立于地面上吊装及起重设备架立于槽墩或槽身上吊装。

2.现浇式渡槽施工

现浇式渡槽的施工主要包括槽墩和槽身两部分。

（1）槽墩的施工

渡槽槽墩的施工，一般采用常规方法，也可采用滑升模板施工。使用滑升模板时，一般采用坍落度小于2cm的低流态混凝土，同时还需要在混凝土内掺速凝剂，以保证随浇随滑升，不致使混凝土坍塌。

（2）槽身的施工

渡槽槽身的混凝土浇筑，就整座渡槽的浇筑顺序而言，有从一端向另一端推进或从两端向中部推进以及从中部增加两个工作面向两端推进等方式。槽身如采取分层浇筑时，必须合理选取分层高度，应尽量减小层数，并提高第一层的浇筑高度。对于断面较小的梁式渡槽一般均采用全断面一次平起浇筑的方式。U形薄壳双悬臂梁式渡槽，一般采用全断面一次平起浇筑的方式。

（三）倒虹吸管施工

1.管座施工

在清基和地基处理之后，即可进行管座施工。

管座的形式主要有刚性弧形管座、两点式及中空式刚性管座。

（1）刚性弧形管座

刚性弧形管座通常是一次做好后，再进行管道施工。当管径较大时，管座事先做好，在浇捣管底混凝土时，则须在内模底部开置活动口，以便进料浇捣。为了避免在内模底部开口，也可采用管座分次施工的方法，即先做好底部范围（中心角约80°）的小弧座，以作为外模的一部分，待管底混凝土浇到一定程度时，即边砌小弧座旁的浆砌管座边浇混凝土，直到砌完整个管座为止。

（2）两点式及中空式刚性管座

两点式及中空式刚性管座均事先砌好管座，在基座底部挖空处可用土模代替外模。施工时，对底部回填土要仔细夯实，以防止在浇筑过程中，土壤产生压缩变形而导致混凝土开裂。

2.混凝土的浇筑

在灌区建筑物中，倒虹吸管混凝土对抗拉、抗渗要求比一般结构的混凝土要严格得多。

要求混凝土的水灰比一般控制在0.5~0.6，有条件时可达到0.4左右，坍落度用机械振捣时为4~6cm，人工振捣不应大于6~9cm。含砂率常用值为30%~38%，以采用偏低值为宜。

（1）浇筑顺序

为便于整个管道施工，可每次间隔一节进行浇筑，例如先浇1#、3#、5#管，再浇2#、4#、6#管。

（2）浇筑方式

一般常见的倒虹吸管有卧式和立式两种。在卧式中，又可分平卧或斜卧，平卧大都是管道通过水平或缓坡地段所采用的一般方式，斜卧多用于进出口山坡陡峻地区，至于立式管道则多采用预制管安装。

①平卧式浇筑。此浇筑有两种方法，一种是浇筑层与管轴线平行，一般由中间向两端发展，以避免仓中积水，从而增大混凝土的水灰比。这种浇捣方式的缺点是混凝土浇筑缝皆与管轴线平行，刚好和水压产生的拉力方向垂直。一旦发生冷缝，管道最易沿浇筑层（冷缝）产生纵向裂缝，为了克服这一缺点，产生了另一种浇筑方法，即斜向分层浇筑，此方法可以避免浇筑缝与水压产生的拉力正交，当斜度较大时，浇筑缝的长度可缩短，浇筑缝的间隙时间也可缩短，但这样浇筑的混凝土都呈斜向增高，使砂浆和粗骨料分布不太均匀，加上振捣器都是斜向振捣，不如竖向振捣能保证质量。因此，两种浇筑方法各有利弊。

②斜卧式浇筑。进出口山坡上常有斜卧式管道，混凝土浇筑时应由低处开始逐渐向高处浇筑，使每层混凝土浇筑层保持水平。

不论是平卧还是斜卧，在浇筑时，都应注意两侧或周围进料均匀，快慢一致。否则，将产生模板位移，导致管壁厚薄不一，从而严重影响管道质量。

第三节　橡胶坝

一、橡胶坝的形式

橡胶坝分袋式、帆式及钢柔混合结构式三种坝型，比较常用的是袋式坝型。坝袋按充胀介质可分为充水式、充气式和气水混合式；按锚固方式可分为锚固坝和无锚固坝，锚固坝又分单线锚固和双线锚固等。

橡胶坝按岸墙的结构形式可分为直墙式和斜坡式。直墙式橡胶坝的所有锚固均在底板上，橡胶坝坝袋采用堵头式，这种形式结构简单，适应面广，但充坝时在坝袋和岸墙结合部位容易出现拥肩现象，引起局部溢流，这就要求坝袋和岸墙结合部位尽可能光滑。斜坡式橡胶坝的端锚固设在岸墙上，这种形式坝袋在岸墙和底板的连接处易形成褶皱，在护坡式的河道中，与上下游的连接容易处理。

二、橡胶坝组成及其作用

橡胶坝结构主要由三部分组成

（一）土建部分

土建部分包括基础底板、边墩（岸墙）、中墩（多跨式）、上下游翼墙、上下游护坡、上游防渗铺盖或截渗墙、下游消力池、海漫等。铺盖常采用混凝土或黏土结构，厚度视不同材料而定，一般混凝土铺盖厚0.3m，黏土铺盖厚不小于0.5m。护坦（消力池）一般采用混凝土结构，其厚度为0.3~0.5m。海漫一般采用浆砌石、干砌石或铅丝石笼，其厚度一般为0.3~0.5m。

1.底板

橡胶坝底板形式与坝型有关，一般多采用平底板。枕式坝为减小坝肩，在每跨底板端头一定范围内做成斜坡。端头锚固坝一般都要求底板面平直。对于较大跨度的单个坝段，底板在垂直水流方向上设沉陷缝，缝距根据《水闸设计规范》（NB/T 35023-2014）中的规定确定。

2.中墩

中墩的作用主要是分隔坝段，安放溢流管道，支承枕式坝两端堵头。

3.边墩

边墩的作用主要是挡土，安放溢流管道，支承枕式坝端部堵头。

（二）坝体（橡胶坝袋）

用高强合成纤维织物做受力骨架，内外涂上合成橡胶作黏结保护层的胶布，锚固在混凝土基础底板上，成封闭袋形，用水（气）的压力充胀，形成柔性挡水坝。主要作用是挡水，并通过充坍坝来控制坝上水位及过坝流量。橡胶坝主要依靠坝袋内的胶布（多采用锦纶帆布）来承受拉力，橡胶保护胶布免受外力的损害。根据坝高不同，坝袋可以选择一布二胶、二布三胶、三布四胶，采用最多的是二布三胶。一般夹层胶厚0.3~0.5mm，内层覆盖胶大于2.0mm，外层覆盖胶大于2.5mm。坝袋表面上涂刷耐老化涂料。

（三）控制和安全观测系统

控制和安全观测系统包括充胀和坍落坝体的充排设备、安全及检测装置。

三、橡胶坝设计要点

（一）坝址选择

设计时应根据橡胶坝特点和运用要求，综合考虑地形、地质、水流、泥沙、环境影响等因素，经过技术经济比较后确定坝址；宜选在河段相对顺直、水流流态平顺及岸坡稳定的河段；不宜选在冲刷和淤积变化大、断面变化频繁的河段；同时，应考虑施工导流、交通运输、供水供电、运行管理、坝袋检修等条件。

（二）工程布置

力求布局合理、结构简单、安全可靠、运行方便、造型美观。宜包括土建、坝体、充排和安全观测系统等；坝长应与河（渠）宽度相适应，坍坝时应能满足河道设计行洪要求，单跨坝长度应满足坝袋制造、运输、安装、检修以及管理要求；取水工程应保证进水口取水和防沙的可靠性。

（三）坝袋

作用在坝袋上的主要设计荷载为坝袋外的静水压力和坝袋内的充水（气）压力。

设计内外压比a值的选用应经技术经济比较后确定。充水橡胶坝内外压比值宜选用1.25~1.60；充气橡胶坝内外压比值宜选用0.75~1.10。

坝袋强度设计安全系数充水坝应不小于6.0，充气坝应不小于8.0。

坝袋胶布除必须满足强度要求外，还应具有耐老化、耐腐蚀、耐磨损、抗冲击、抗屈挠、耐水、耐寒等性能。

（四）锚固结构

锚固结构形式可分为螺栓压板锚固、楔块挤压锚固以及胶囊充水锚固三种。应根据工程规模、加工条件、耐久性、施工、维修等条件，经过综合经济比较后选用。

锚固构件必须满足强度与耐久性的要求。

锚固线布置分单锚固线和双锚固线两种。采用岸墙锚固线布置的工程应满足坍坝时坝袋平整不阻水，充坝时坝袋褶皱较少的要求。

对于重要的橡胶坝工程，应做专门的锚固结构试验。

（五）控制系统

坝袋的充胀与排放所需时间必须与工程的运用要求相适应。

坝袋的充排有动力式和混合式。应根据工程现场条件和使用要求等确定。

充水坝的充水水源应水质洁净。

充排系统的设计包括动力设备、管路、进出水（气）口装置等。

第一，动力设备的设计应根据工程情况、运用管理的可靠性、操作方便等因素，经济合理地选用水泵或空压机的容量及台数。重要的橡胶坝工程应配置备用动力设备。

第二，管路设计应与充、排水（气）时间相适应，做到布置合理、运行可靠及维修方便，具有足够的充排能力。

第三，充水坝袋内的充（排）水口宜设置两个水帽，出口位置应放在能排尽水（气）的地方并在坝内设置导水（气）装置。

第四，寒冷地区管路埋设应满足防冻要求。

（六）安全与观测设备

安全设备设置应满足下列要求：

第一，充水坝设置安全溢流设备和排气阀，坝袋内压力不超过设计值；排气阀装设在坝袋两端顶部。

第二，充气坝设置安全阀、水封管或U形管等充气压力监测设备。

第三，对建在山区河道、溢流坝上或有突发洪水情况出现的充水式橡胶坝，宜设自动坍坝装置。

观测装置设置宜满足下列要求：

第一，橡胶坝上、下游水位观测，设置连通管或水位标尺，必要时亦可采用水位传感器。

第二，坝袋内压力观测设置，充水坝采用坝内连通管；充气坝安装压力表，对重要工程应安装自动监测设备。

（七）土建工程

橡胶坝土建工程应包括基础底板、边墩（岸墙）、中墩（多跨式）、上下游翼墙、上下游护坡、上游防渗铺盖或截渗墙、下游消力池、海漫等。

作用在橡胶坝上的设计荷载可分为基本荷载和特殊荷载两类。

基本荷载：结构自重、水重、正常挡水位或坝顶溢流水位时的静水压力、扬压力（包括浮托力和渗透压力）、土压力、泥沙压力等。

特殊荷载：地震荷载及温度荷载等。

坝底板、岸墙（中墩）应根据地基条件、坝高及上、下游水位差等确定其地下轮廓尺寸。其应力分析应根据不同的地基条件，参照其他规范进行计算；稳定计算可只做防渗、抗滑动计算。

橡胶坝应尽量建在天然地基上；对建在较弱地基上的橡胶坝应进行基础处理。

上、下游护坡工程应根据河岸土质及水流流态分别验算边坡稳定及抗冲能力。护坡长度应大于河底防护的范围。

下游消力池（护坦）、海漫、铺盖除应满足消能防冲外，还应考虑减轻和防止坝袋震动。对经常溢流的橡胶坝工程，宜设陡坡段与下游消力池（护坦）衔接。应根据运用条件选择最不利的水位和流量组合进行消能防冲计算。

充气橡胶坝的消能防冲计算，应考虑坍坝时坝袋出现凹口引起单宽流量增大的因素。

控制室应满足机电设备布置和操作运行及管理需要，室内地面高程应高于校核洪水位。地下泵房应做防渗、防潮处理。

在已建拦河坝顶或溢洪道上加建橡胶坝时，应对原工程抬高水位后进行稳定及应力校核，并应考虑上游淹没影响和不得降低原有防洪标准。

采用堵头式锚固的橡胶坝应采取有效措施防止端部坍肩。

四、土建工程施工

（一）基坑开挖

基坑开挖宜在准备工作就绪后进行，对于砂砾石河床，一般采用反铲挖掘机挖装，自卸汽车运至弃渣区。要求预留一定厚度（20~30cm）的保护层，用人工清理至设计高程。

对于坝基础石方开挖，应自上而下进行。设计边坡轮廓面可采用预裂爆破或光面爆破，高度较大的边坡应考虑分台阶开挖；基础岩石开挖时，应采取分层梯段爆破；紧邻水平建基面，可预留保护层进行分层爆破，避免产生大量的爆破裂隙，损害岩体的完整性；设计边坡开挖前，应及时做好开挖边线外的危石处理、削坡、加固和排水等工作。

在开挖过程中，对于降雨积水或地下水渗漏，必须及时抽干，不得长期积水；若地基不满足设计要求，要开挖进行处理，并防止产生局部沉陷。侧墙开挖要严防塌方，以免影响工期。

（二）混凝土施工

主要有坝底板、上游防渗铺盖、下游消力池、边墩（中墩）等混凝土施工。一般从岸边向中间跳仓浇筑，先浇筑坝基混凝土，再浇上游防渗铺盖混合下游消力池混凝土。

坝底板混凝土施工流程：基础开挖→混凝土垫层→供排水管道安装→钢筋制作与安装→埋件与止水安装→模板安装→混凝土浇筑→拆模养护等。混凝土入仓时，注意吊罐卸料口接近仓面，缓慢下料，可采用台阶法或斜层铺筑法，避免扰动钢筋或预埋件。先浇筑沟槽，再浇筑底板。振捣时严禁接触预埋件及钢管。

边墩（中墩）混凝土施工流程：基础开挖→混凝土垫层→供排水管道安装→基础钢筋制作与安装→基础预埋件与止水安装→基础模板制作与安装→基础混凝土浇筑→墩墙钢筋制作与安装→墩墙模板安装→墩墙混凝土浇筑→拆模养护等。边墩（中墩）混凝土施工同坝底板混凝土施工相比，一般先浇筑基础混凝土，后浇墩墙混凝土。墩墙混凝土施工时，在墙体顶部设置下料漏斗，均匀下料，分层振捣密实。

止水安装如橡皮止水带（条）、铝皮止水等按设计要求进行。施工中按尺寸加工成型，拼组焊接。防止止水卷曲和移位，严禁止水上钉铁钉、穿孔。

（三）埋件和锚固

1. 预埋件安装

埋件安装有埋设在一期混凝土、地下和其他砌体中的预埋件，包括供排水管和套管、电气管道及电缆，设备基础、支架、吊架、坝袋锚固螺栓、垫板锚钩等固定件，接地装置等预埋件。

坝袋埋件主要有锚固螺栓和垫板。当坝底板立模、扎筋完成后，应在钢筋上放出锚固槽位置，将垫板按要求摆放到位，在两端焊拉线固定架，拉线确定垫板的中心线和高程控制线，把垫板上抬至设计高程，中心对正然后焊接固定，再进行统一测量和检查调整。全部垫板安装完毕并检查无误后，可将锚固螺栓自下向上穿入垫板锚栓孔内，测量高程，调整垂直度和固定。

锚固螺栓和垫板全部安装完成以后，可安装锚固槽模板和浇筑混凝土。

2. 锚固施工。锚固结构形式可分为螺栓压板锚固和楔块锚固。

螺栓压板锚固的施工

（1）在预埋螺栓时，可采用活动木夹板固定螺栓位置，用经纬仪测量，螺栓中心线要求成一条直线。用水准仪测定螺栓高度，无误差后用木支撑将活动木夹板固定于槽内，再用一根钢筋将所有的钢筋和两侧预埋件焊接在一起，使螺栓首先牢固不动，然后才可向槽内浇筑混凝土。混凝土浇筑一般分为两期：一期混凝土浇筑至距锚固槽底100mm时，应测量螺栓中心位置高程和间距，发现误差及时纠正；二期混凝土浇筑后，在混凝土初凝前再次进行校核工作。压板除按设计尺寸制造外，还要制备少量尺寸不同规格的压板，以适用于拐角等特殊部位。

（2）楔块锚固的施工

必须在基础底板上设置锚固槽，槽的尺寸允许偏差为±5mm，槽口线和槽底线一定要直，槽壁要求光滑平整无凹凸现象。为了便于掌握上述标准，可采用二期混凝土施工。二期混凝土预留的范围可宽一些。浇筑混凝土模块，要严格控制尺寸，允许偏差为小于2mm；特别应保证所有直立面垂直；前模块与后模块的斜面必须吻合，其斜坡角度一般取75°。

锚固线布置分单线锚固、双线锚固两种。单线锚固只有上游一条锚固线，锚线短，锚固件少，但多费坝袋胶布，低坝和充气坝多采用单线锚固。由于单线锚固仅在上游侧锚固，坝袋可动范围大，对坝袋防震防磨损不利，尤其在坝顶溢流时，有可能在下游坝脚处产生负压，将泥沙（或漂浮物）吸进坝袋底部，造成坝袋磨损。双线锚固是将胶布分别锚固于四周，锚线长，锚固件多，安装工作量大，相应的处理密封的工作量也大，但由于其四周锚固，坝袋可动范围小，有利于坝袋防震防磨损。

五、坝袋安装

（一）安装前检查

坝袋安装前的检查主要有：

第一，模块、基础底板及岸墙混凝土的强度必须达到设计要求。

第二，坝袋与底板及岸墙接触部位应平整光滑。

第三，充排管道应畅通，无渗漏现象。

第四，预埋螺栓、垫板、压板、螺、帽（或锚固槽、模块、木芯）、进出水（气）口、排气孔、超压溢流孔的位置和尺寸应符合设计要求。

第五，坝袋和底垫片运到现场后，应结合就位安装首先复查其尺寸和搬运过程中有无损伤，如有损伤应及时修补或更换。

（二）坝袋安装顺序及要求

1.底垫片就位（指双锚线型坝袋）

对准底板上的中心线和锚固线的位置，将底垫片临时固定于底板锚固槽内和岸墙上，按设计位置开挖进出水口和安装水帽，孔口垫片的四周作补强处理，补强范围为孔径的3倍以上；为避免止水胶片在安装过程中移动，最好将止水胶片粘贴在底垫片上。

2.坝袋就位

底垫片就位后，将坝袋胶布平铺在底垫片上，先对齐下游端相应的锚固线和中心线，再使其与上游端锚固线和中心线对齐吻合。

3.双线锚固型坝袋的安装

按先下游，后上游，最后岸墙的顺序进行。先从下游底板中心线开始，向左右两侧同时安装，下游锚固好后，将坝袋胶布翻向下游，安装导水胶管，然后再将胶布翻向上游，对准上游锚固中心线，从底板中心线开始向左右两侧同时安装。锚固两侧边墙时，须将坝袋布挂起撑平，从下部向上部锚固。

4.单线锚固型坝袋的安装

单线锚固只有上游一条锚固线，锚固时从底板中心线开始，向两侧同时安装。先安装底层，装设水帽及导水胶管，放置止水胶，再安装面层胶布。

5.堵头式橡胶坝袋的安装

先将两侧堵头裙脚锚固好；从底板中线开始，向两侧连续安装锚固。为了避免误差集中在一个小段上，坝袋产生褶皱，不论采用何种方法锚固，锚固时必须严格控制误差的平均分配。

6.螺栓压板锚固施工步骤

压板要首尾对齐，不平整时要用橡胶片垫平；紧螺帽时，要进行多次拧紧，坝袋充水试验后，再次拧紧螺帽；紧螺帽时宜用扭力扳手，按设定的扭力矩逐个螺栓进行拧紧；卷入的压轴（木芯或钢管）的对接缝应与压板接缝处错开，以免出现软缝，造成局部漏水。

7.混凝土模块锚固施工步骤

将坝袋胶布与底垫片卷入木芯，推至锚固槽的半圆形小槽内；逐个放入前模块，在前模块两头处打入木模块，在前模块中间放入后模块，用大铁锤边打木模块，边打后模块，反复敲打使后模块达到设计深度并挤紧时，才将木模块撬起换上另两块后模块，如此反复进行；当锚固到岸墙与底板转角处，应以锚固槽底高程为控制点，坝袋胶布可在此处放宽300mm左右，这样坝袋胶布就可以满足槽底最大弧度要求。

第四节　渠道混凝土衬砌机械化施工

一、混凝土机械衬砌的优点

大断面渠道衬砌，衬砌混凝土厚度一般较小，在8~15cm，混凝土面积较大，但不同于大体积混凝土施工，目前国内外基本可以分为人工衬砌和机械衬砌。由于人工衬砌速度较慢，质量不均，施工缝多，逐渐被机械化衬砌所取代。

渠道混凝土机械化衬砌施工的优点可归纳如下：

第一，衬砌效率高，一般可达到200m²/h，约20m。

第二，衬砌质量好，混凝土表面平整、光滑，坡脚过渡圆滑、美观，密实度、强度也符合设计要求。

第三，后期维修费用低。

二、混凝土衬砌的施工程序

机械化衬砌又分为滚筒式、滑模式和复合式。一般在坡长较短的渠道上，采用滑模式。滚筒式的使用范围较广，可以应用各种坡长要求。根据衬砌混凝土施工工序，在渠道已经基本成型，坡面预留一定厚度的原状土（可视土方施工者的能力，预留5~20cm）。

三、衬砌坡面修整

渠道开挖时，渠坡预留约30cm的保护层。在衬砌混凝土浇筑前，需要根据渠坡地质条件选用不同的施工方法进行修整。

坡脚齿墙按要求砌筑完后，方可进行削坡。削坡分三步进行：

1.粗削

削坡前先将河底塑料薄膜铺设好，然后，在每一个伸缩缝处，按设计坡面挖出一条槽，并挂出标准坡面线，按此线进行粗削找平，防止削过。

2.细削

是指将标准坡面线下混凝土板厚的土方削掉。粗削大致平整后，在两条伸缩缝中间的三分点上加挂两条标准坡面线，从上到下挂水平线依次削平。

3.刮平

细削完成后，坡面基本平整，这时要用3~4m长的直杆（方木或方铝），在垂直于河中心线的方向上来回刮动，直至刮平。

清坡的方法：

（1）人工清坡

在没有机械设备的条件下，可以使用人工清坡，在需要清理的坡面上设置网格线，根据网格线和坡面的高差，控制坡面高程。根据以往的施工经验，在大坡面上即使严格控制施工质量，误差也在 ±3cm。这个误差对于衬砌厚度只有8~10cm厚度的混凝土来说，是不允许的。即使是有垫层，也不能满足要求。对于坡长更长的坡面，人工清坡质量是难以控制的。

（2）螺旋式清坡机

该机械在较短的坡面上（不大于10m）效果较好，通过一镶嵌合金的连续螺旋体旋转，将土体进行切削，弃土可以直接送至渠顶，但在过长的坡面上不适应，因为过长的螺旋需要的动力较大，且挠度问题难以解决。

（3）滚齿式

该清坡机沿轨道顺渠道轴线方向行走，一定长度的滚齿旋转切削土体，切削下来的土体抛向渠底，形成平整的原状土坡面。一幅结束后，整机前移，进行下一幅作业。

先由一台削坡机粗削坡，削坡机保留3~4mm的保护层。待具备浇筑条件时，由另一台削坡机精削坡一次修至设计尺寸，并及时铺设保温防渗层。

超挖的部位用与建基面同质的土料或砂砾料补坡，采用人工或小型碾压机械压实。对于雨水冲刷或局部坍塌的部位，先将坡面清理成锯齿状，再进行补坡。补坡厚度高出设计断面，并按设计要求压实。可采用人工方式也可以使用与衬砌机配套的专用渠道修整机精修坡面。

修整后，渠坡上、下边线允许偏差要求控制在 ±20mm（直线段）或 ±50mm（曲线段），坡面平整度≤1cm/2m，当上覆砂砾料垫层时平整度≤2cm/2m，高程偏差≤20mm。

渠坡修整后的平整度对保温板铺设的影响较大，土质边坡宜采用机械削坡以保证良好的平整度。

四、砂砾或者胶结砂砾垫层、保温层、防渗层铺设

（一）砂砾或者胶结砂砾垫层铺设

根据设计要求渠坡需要铺设砂砾料垫层。砂砾料要求质地坚硬、清洁、级配良好。铺料厚度、含水率、碾压方法及遍数通常根据现场试验确定。铺料及碾压可采用横向振动碾压衬砌机一次完成，表面平整度要求不大于1cm/2m。

采用垫层摊铺机可连续将砂砾或者胶结砂砾料摊铺在坡面和坡脚上，摊铺机振动梁系统同步将其密实成型，工效高，质量好。摊铺后，垫层密实度和坡面、坡脚表面形状误差均可满足设计要求。

垫层铺设后采用灌水（砂）法取样作相对密度检验。每600m² 或每压实班至少检测一次，每次测点不少于3个，坡肩、坡脚部位均设测点，检查处人工分层回填捣实。砂砾料或胶结砂砾料削坡按渠道削坡的有关要求执行。

（二）保温层铺设

为满足抗冻（胀）要求，北方冬季低温地区的渠道混凝土衬砌下铺设保温层，保温材料通常采用聚苯乙烯泡沫塑料板。保温板是否紧贴建基面对衬砌面板混凝土能否振捣密实有较大影响。

外观完整，色泽与厚度均匀，表面平整清洁，无缺角、断裂、明显变形。保温板应错缝铺设，平整牢固，板面紧贴渠床，接缝紧密平顺，两板接缝处的高差不大于2mm。板与板之间、板与坡面基础之间紧密结合，聚苯乙烯保温板位置放好后用U形卡从板面钉入砂砾料层固定（梅花状布置），铺好的板上面严禁穿戴钉鞋行走，铺板完成后、铺设复合土工膜之前同样对保温板的接缝、平整度进行检查，平整度控制在±5mm，使用2m靠尺进行检查，接缝控制在0~2mm。

（三）防渗层铺设

1.复合土工膜铺设

复合土工膜施工之前首先做焊接试验，焊接抗拉强度至少不能低于母材的80%，从试验得出适应于现场实际操作、施工的一些技术参数。

铺设时由坡肩自上而下滚铺至坡脚，中间不出现纵向连接缝。渠坡和渠底结合部以及和下段待铺的复合土工膜部位预留50~80cm搭接长度，坡肩处根据设计蓝图预留80cm复合土工膜的长度。复合土工膜在铺设时先将土工膜按尺寸、匹幅铺好，膜与膜之间不能有褶皱，复合土工膜垂直于水流方向铺设，膜与膜重合10cm进行焊接。铺时将焊接接头预留好后用剪刀剪断。土工膜铺好后进行固定，使用沙袋或其他重物将其压紧。

2.复合土工膜裁剪

复合土工膜裁剪时以长木条作参照划线引导，保证裁剪后边缘整齐平顺，使用记号笔按照要求的最少搭接界限标识在接缝处上下两张膜上，保证焊接后的搭接宽度。

遇到建筑物时根据建筑物尺寸在复合土工膜上进行标识，并根据土工膜与建筑物的黏结宽度进行裁剪。

3.复合土工膜与建筑物粘接

若复合土工膜与墩、柱、墙等建筑物进行粘接，粘接宽度不小于设计要求，建筑物周围复合土工膜充分松弛。保证土工膜与建筑物黏结牢固，防水密封可靠，对土工膜或墩柱进行涂胶之前，将涂胶基面清理干净，保持干燥。涂胶均匀布满黏结面，不出现过厚、漏涂现象。黏结过程和黏结后2h内黏结面不承受任何拉力，并保证黏结面不发生错动。

4.复合土工膜连接

（1）连接顺序

缝合底层土工布、热熔焊接或粘接中层土工膜、缝合上层土工布。

（2）土工膜热熔焊接

采用热合爬行机焊接。每天施工前均先做工艺试验，确定当天焊机的温度、速度、档位等工作参数。施工时应根据天气情况适时调整。环境气温在5~35℃，进行正常焊接。气温低于5℃时，焊接前对搭接面进行加热处理。当环境温度和不利的天气条件严重影响土工膜焊接时，不作业；焊接机械采用ZPH-501或ZPH-210型土工膜焊接机，温度控制在420~450℃，焊机挡位控制在3~3.5挡，焊机行走速度控制在4.4~4.8m/min，保证不出现虚焊、漏焊和超量焊等现象。

土工膜焊接前将土工膜焊接面上的尘土、泥土、油污等杂物清理干净，水汽用吹风机吹干，保证焊接面清洁干燥。多块土工膜连接时，接头缝相互错开100cm以上，焊接形成"T"字形结点，不出现"十"字形。

采用双焊缝焊接。双焊缝宽度采用2×10mm，搭接宽度10cm，焊缝间留有约1cm的空腔。在焊接过程中和焊接后2h内，保证焊接面不承受任何拉力及焊接面错动。

当施工中焊缝出现脱空、收缩起皱及扭曲鼓包等现象时，将其裁剪剔除后重新进行焊接。出现虚焊、漏焊时，用特制焊枪补焊。

焊机定期进行保养和维护，及时清理杂物。

（3）土工布缝合

将上层土工布和中层土工膜向两侧翻叠，先将底层土工布铺平、搭接、对齐，进行缝合。土工布缝合采用手提缝包机，缝合时针距控制在6mm左右，保证连接面松紧适度、自然平顺，土工膜与土工布联合受力。上层土工布缝合方法与下层土工布缝合方法相同，土工布缝合强度不低于母材的70%。

5.复合土工膜保护措施

复合土工膜专车运输。装卸、搬运时不拖拉、硬拽，不使用任何可能对复合土工膜造成损伤的机具，避免尖锐物刺伤；复合土工膜铺设人员穿软底鞋，严禁穿硬底鞋或钉鞋作业；铺设好的复合土工膜由专人看管。严禁在复合土工膜上进行一切可能引起复合土工膜损坏的施工作业；堤顶预留的土工膜及挖槽用土封压，坡脚部位土工膜用彩条布包裹并用沙袋覆压保护，衬砌混凝土浇筑时，保证模板的支立和固定不造成复合土工膜破坏，采用在模板的辅助装置上压置重物、设置支撑等方法支立和固定模板；铺设过程中，采用沙袋或软性重物压重的方法，防止大风对已铺设土工膜造成破坏；施工现场严禁烟火，电气焊作业远离复合土工膜。

五、浇筑衬砌

（一）准备工作

砂砾料防冻胀层、聚苯乙烯保温板和复合土工膜经验收合格；校核基准线；拌和系统运转正常，运输车辆准备就绪；工作台车、养护洒水车等辅助施工设备运转正常；衬砌机设定到正确高度和位置；检查衬砌板厚的设置，板厚与设计值的允许偏差为-5%~+20%。

（二）衬砌机的安装

国内衬砌机均采用轨道式，控制好轨道线是衬砌机定位的关键。根据设计渠道纵轴线、渠道断面尺寸和衬砌机的特性，用全站仪放出渠顶和渠底的轨道中心线，及轨道顶面高程，人工精心铺设。轨道基底要求平整、密实便于控制渠坡衬砌厚度，渠底有地下水的情况必须先对地基进行相应处理（局部换填或浇筑混凝土垫层），避免轨道基底沉陷影响衬砌质量。

（三）模板安装

完成土工膜铺设后开始侧模安装，测量放样出面板横缝位置线和面板顶面及底面线，严格按设计线控制其平整度，不出现陡坎接头。侧模及端头模板均采用10#槽钢安装模板时，在背面钢筋上加压沙袋对模板进行固定。齿槽和坡肩侧模板采用定型钢模板，混凝土衬砌施工过程中测量人员随时对模板进行校核，保证混凝土分缝顺直。

（四）混凝土拌制

渠道混凝土所用的原材料，如水泥、粉煤灰、砂石骨料、外加剂等原材料要符合设计和有关规范要求。衬砌混凝土配合比由试验室提供，保证满足耐久性、强度和经济性等基本要求，并适应机械化施工的工作性要求。骨料的最大粒径不大于衬砌混凝土板厚度的1/3。混凝土拌合物的坍落度为7~9cm。

衬砌混凝土的用水量、砂率、水灰比及掺和料比例通过优化试验确定。配合比参数不得随意变更，当气候和运输条件变化时，微调水量，维持入仓坍落度不变，保证衬砌混凝土机械化施工的工作性。

外加剂采用后掺法掺入，以液体形式掺加，其浓度和掺量根据配合比试验确定。混凝土的拌制时间通过试验确定，混凝土随拌、随运、随用，因故发生分离、漏浆、严重泌水、坍落度降低等问题时，在浇筑现场重新拌和，若混凝土已初凝，作废料处理。

衬砌厚度的控制由衬砌机的液压升降支腿和内置的模板进行调节控制，轨道铺设纵坡比率与渠道的纵坡比率一致，在衬砌过程中使用自制的高程标签插入已铺好的混凝土中检查衬砌厚度（包括虚铺厚度及压光后的厚度），坡肩、坡面、坡脚处均设测点，如发现厚度有误差及时进行调整。

（五）衬砌混凝土浇筑

在混凝土衬砌基层检查合格后，进行混凝土衬砌施工。混凝土熟料由混凝土搅拌车运输至布料机进料口，采用螺旋布料器布料，开动螺旋输料器均匀布置。开动振动器和纵向行走开关，边输料，边振动，边行走。布料较多时，开动反转功能，将混凝土料收回。布料宽度达到2~3m时，开动成型机，启动工作部分开始二次振捣、提浆、整平。施工时料位的正常高度应在螺旋布料器叶片最高点以下，保证不缺料。30cm段护顶混凝土与渠坡混凝土一次成型。使用滑膜衬砌机时完成一段渠坡衬砌后往前行进。用同衬砌厚度相同的槽钢作为上下边模板，安装在上口设计水平段外边线和坡脚齿槽外边线处，并用钢筋桩与底基定位。防止边角混凝土坍塌变形。

滑模衬砌机施工出现的局部混凝土面缺陷由人工进行修补，保证衬砌面的平整。

混凝土浇筑过程中应高度重视振捣工艺，确保混凝土振捣密实、表面出浆，避免漏振、过振或欠振，浇筑后应避免扰动，严禁踩踏。渠底混凝土浇筑时，要避免雨水、渠坡养护水、地下水等外来水流入仓内，影响混凝土浇筑质量或对已浇筑完成的混凝土造成破坏。渠底混凝土严重的泌水问题通常会导致成品混凝土遭受冻融或表面剥蚀损坏，施工时应采取恰当的处理措施。

当衬砌机出现故障时，立即通知拌和站停止生产，在故障排除衬砌机内混凝土尚未初凝时，继续衬砌。停机时间超过2h，及时将衬砌机驶离工作面，清理仓内混凝土，故障出现后对已浇筑的混凝土进行严格的质量检查，并清除分缝位置以外的浇筑物，为恢复衬砌作业做好准备。混凝土终凝后及时铺盖棉毡洒水养护，割缝完成后，进行第二次覆盖。

（六）衬砌混凝土表面成型

1.采用混凝土抹光机＋人工进行表面成型

抹光机抹盘抹面具有对混凝土挤压及提浆整平功能，压光由人工完成。并配备2m靠尺跟踪检测平整度，混凝土表面平整度控制在5mm/2m。人工采用钢抹子抹面，一般为2~3遍。初凝前及时进行压光处理，清除表面气泡，使混凝土表面平整、光滑、无抹痕。衬砌抹面施工严禁洒水、撒水泥、涂抹砂浆。抹光机将自下而上，由左到右按顺序有搭接地进行。

抹光机整面后，人工用钢抹子随后进行压光出面。压光由渠坡横断面最初施工的一侧向另一侧推行，在施工时及时用2m靠尺检查，对不符合要求的及时处理，确保表面光滑平整。表面平整度要求控制在5mm/2m以内。

2.采用多功能混凝土表面成型机进行表面成型

多功能混凝土表面成型机具有对混凝土表面挤压、提浆整平及压光功能。工作方式与振动碾压成型机基本相同。

（七）伸缩缝施工

1.一般规定

第一，伸缩缝按缝深分为半缝和通缝。半缝深度为混凝土板厚的0.5~0.75倍。通缝深度：预留缝为贯穿混凝土板厚度，割缝为混凝土板厚的0.9倍。

第二，伸缩缝按方向可分为横缝和纵缝。横缝垂直于渠轴线，纵缝平行于渠轴线。

第三，伸缩缝宽度为1~2cm。

第四，伸缩缝下部用聚乙烯闭孔泡沫板填充，顶部2cm用聚硫密封胶填充。

2.施工方法

（1）伸缩缝形成

通缝可采取预留方法。按设计通缝位置支立模板，浇筑模板内混凝土，混凝土达到一定强度后，拆除模板，在混凝土立面上粘贴聚乙烯闭孔泡沫板和顶部2cm的预留物（聚乙烯闭孔泡沫板、泡沫保温板等材料），再浇筑聚乙烯闭孔泡沫板另一侧的混凝土，待伸缩缝两侧的衬砌混凝土达到一定强度后，取上部2cm的预留物，填充聚硫密封胶。

半缝及通缝均可采取混凝土切割机切割。切缝前应按设计分缝位置，用墨斗在衬砌混凝土表面弹出切缝线。混凝土切割机宜采用桁架支撑导向，以保证切缝顺直，位置准确。无法使用桁架支撑导向部位（如坡肩、齿槽、桥梁、排水井等部位）人工导向切割。宜先切割通缝，后切割半缝。

①混凝土切割机切割。桁架与衬砌机共用轨道，设置自行走系统。

纵缝切割：根据纵缝数量配备混凝土切割机，调整桁架的升降系统控制切割深度，通过桁架自行走控制桁架沿纵缝方向的行走速度，一次完成多条纵缝的切割。

横缝切割：调整桁架的升降系统控制切割深度，通过牵引系统控制混凝土切割机沿横缝方向的行走速度（在支撑桁架内设置混凝土切割机的行走系统），一次完成一条横缝的切割。

②人工切割。切割时通过手柄连杆机构，转动手轮使前轮升降，进行切割深度的调节。

（2）伸缩缝清理

切割缝的缝面应用钢丝刷、手提式砂轮机修整，用空气压缩机将缝内的灰尘与余渣吹净。填充前缝面应洁净干燥。聚乙烯闭孔泡沫应采用专用工具压入缝内，并保证上层填充密封胶的深度符合设计要求。

（3）填充密封胶

明渠专用聚硫密封胶由A、B两组分组成，施工时按厂家说明书进行配制与操作。

在清理完成的伸缩缝两侧粘贴胶带。胶带宽一般为3~5cm，胶带距伸缩缝边缘为0.5cm。用毛刷在伸缩缝两侧均匀地刷涂一层底涂料，20~30min后用刮刀向涂胶面上涂3~5mm密封胶，并反复挤压，使密封胶与被黏结界面更好地浸润。用注胶枪向伸缩缝中注胶，注胶过程中使胶料全部压入并压实，保证涂胶深度。

3.质量控制

（1）切缝质量控制

按设计伸缩缝宽度购买混凝土切割片。在切割片上用红色油漆做好切割深度标识。切缝时锯片磨损较大，施工过程中经常用钢板尺检查切缝的宽度和深度，当不能满足设计要求时及时更换切割片。

（2）注胶质量控制

伸缩缝缝面必须用手提砂轮机或钢丝刷进行表面处理，用空气压缩机将缝内的灰尘与余渣吹净，黏结面必须干燥、清洁、无油污和粉尘。

注胶前必须进行缝深、缝宽的检查，确保聚硫密封胶充填厚度。

施胶完毕的伸缩缝：胶层表面应无裂缝和气泡，表面平整光滑；涂胶饱满且无脱胶和漏胶现象，胶体颜色均匀一致。

密封胶与伸缩缝粘接牢固，粘接缝按要求整齐平滑，经养护完全硫化成弹性体后，胶体硬度应达到设计要求。

混合后的密封胶要确保在要求的时间内用完，过期的胶料不能再同新的密封胶一起使用。

若要进行密封效果满水或带压试验，必须等密封胶完全硫化后（7~14天）方可进行。

（八）养护

衬砌混凝土养护时间与普通混凝土一样，养护方式大致可分为喷雾养护、洒水养护、铺塑料薄膜养护、铺草帘、毡布等保湿养护及养护剂养护等。由于渠道衬砌施工速度快、线路长、面积大、混凝土面板厚度薄、所处环境气候变化大，养护不到位易使混凝土水分散失加快，造成水化作用不充分，从而导致混凝土强度不足、裂缝大量产生。因此，养护工作至关重要，应引起高度重视。

混凝土面层浇筑完毕后及时养护，在纵、横方向均匀撒布养护剂，喷洒要均匀，成膜厚度一致，喷洒时间在表面混凝土泌水完毕后进行，喷洒高度控制在0.5~1m。除喷洒上表面外，板两侧也要喷洒。然后喷洒一次水，覆盖薄膜，养护不少于28天。

（九）特殊天气施工

在渠道混凝土衬砌施工过程中如遇到特殊气候条件，应采取应急措施，保证衬砌混凝土施工质量。

1.风天施工

采取必要的防范措施，防止塑性收缩裂缝产生。适当调整混凝土用水量，增加混凝土出机口的坍落度1~2cm。在衬砌的作业面及时收面并立即养护，对已经衬砌完成并出面的浇筑段及时采取覆盖塑料布等养护措施。

2.雨季施工

雨季施工要收集气象资料，并制定雨季衬砌施工应急预案。砂石料场做好排水通道，运输工具增加防雨及防滑措施，浇筑仓面准备防雨覆盖材料，以备突发阵雨时遮盖混凝土表面。当浇筑期间降雨时，启动应急预案，浇筑仓面搭棚遮挡防雨水冲刷。降雨停止后必须清除仓面积水，不得带水进行抹面压光作业。降雨过后若衬砌混凝土尚未初凝，对混凝土表面进行适当的处理后才能继续施工；否则应按施工缝处理。雨后继续施工，需重新检测骨料含水率，并适时调整混凝土配合比中的水量。

3.高温季节施工

日最高气温超过30℃时，应采取相应措施保证入仓混凝土温度不超过28℃。加强混凝土出机口和入仓混凝土的温度检测频率，并应有专门记录。

高温季节施工可增加骨料堆高，通过骨料场搭设防晒遮阳棚、骨料表面洒水降温等措施降低混凝土原材料的温度，并合理安排浇筑时间、掺加高效缓凝减水剂、采用加冰或加冰水拌和、对骨料进行预冷等方法降低混凝土的入仓温度。采取混凝土运输罐车采取防晒措施、混凝土输送带搭建防晒棚等措施降低入仓温度。

4.低温施工

当日平均气温连续5天稳定在5℃以下或现场最低气温在0℃以下时，不宜施工。如需要继续施工，应采取措施保证混凝拌合物的入仓温度不低于5℃；当日平均气温低于0℃时，应停止施工。

低温季节施工可增加骨料堆高和覆盖保温方式，采取掺加防冻剂、热水拌和等措施。拌和水温一般不超过60℃，当超过60℃时，改变拌和加料顺序，将骨料与水先拌和，然后加入水泥拌和，以免水泥假凝。在混凝土拌和前，用热水冲洗拌和机，并将积水或冰水排出，使拌和机体处于正温状态。混凝土拌和时间比常温季节适当延长20%~25%。对混凝土运输车车罐采取保温措施，尽量缩短混凝土运输时间。对衬砌成型的混凝土及时覆盖保温或采取蓄热保温措施保温养护。

六、衬砌质量控制与检测

在衬砌过程中经常检查衬砌厚度，如有误差及时调整。

混凝土初凝前用2m靠尺随时检测平整度。注意坡肩、坡脚模板的保护，确保坡肩、坡脚的顺直。

现场混凝土质量检查以抗压强度为主，并以150mm立方体试件的抗压强度为标准。混凝土试件以出机口随机取样为主，每组混凝土的3个试件应在同一储料斗或运输车厢内的混凝土中取样制作。浇筑地点试件取样数量宜为机口取样数量的10%。同一强度等级混凝土试件取样数量应符合下列要求：

抗压强度：每次开盘宜取样一组，并满足28天龄期，每100m²成型一组，设计龄期每200m³成型一组的要求。

抗冻、抗渗指标：其数量可按每季度施工的主要部位取样成型1~2组。

抗拉强度：对于28天龄期每2000m³成型一组，设计龄期每3000m³成型一组。

第五节 生态护坡

一、生态护坡类型

（一）人工种草护坡

人工种草护坡，是通过人工在边坡坡面简单播撒草种的一种传统边坡植物防护措施。多用于边坡高度不高、坡度较缓且适宜草类生长的土质路堑和路堤边坡防护工程。

特点：施工简单、造价低廉等。

缺点：由于草籽播撒不均匀，草籽易被雨水冲走，种草成活率低等原因，往往达不到满意的边坡防护效果，而造成坡面冲沟、表土流失等边坡病害，导致大量的边坡病害整治、修复工程，使得该技术近年应用较少。

（二）液压喷播植草护坡

液压喷播植草护坡，是国外近十年新开发的一项边坡植物防护措施，是将草籽、肥料、黏着剂、纸浆、土壤改良剂、色素等按一定比例在混合箱内配水搅匀，通过机械加压喷射到边坡坡面而完成植草施工的。

特点：施工简单、速度快；施工质量高，草籽喷播均匀发芽快、整齐一致；防护效果好，正常情况下，喷播一个月后坡面植物覆盖率可达70%以上，两个月后形成防护、绿化功能；适用性广。

目前，国内液压喷播植草护坡在水利、公路、铁路、城市建设等部门边坡防护与绿化工程中使用较多。

缺点：固土保水能力低，容易形成径流沟和侵蚀；施工者容易偷工减料作假，形成表面现象；因品种选择不当和混合材料不够，后期容易造成水土流失或冲沟。

（三）客土植生植物护坡

客土植生植物护坡，是将保水剂、黏合剂、抗蒸腾剂、团粒剂、植物纤维、泥炭土、腐殖土、缓释复合肥等一类材料制成客土，经过专用机械搅拌后吹附到坡面上，形成一定厚度的客土层，然后将选好的种子同木纤维、黏合剂、保水剂、复合肥、缓释营养液经过喷播机搅拌后喷附到坡面客土层中。

优点：可以根据地质和气候条件进行基质和种子配方，从而具有广泛的适应性；客土与坡面的结合牢固；土层的透气性和肥力好；抗旱性较好；机械化程度高，速度快，施工简单，工期短；植被防护效果好，基本不需要养护就可维持植物的正常生长。

该法适用于坡度较小的岩基坡面、风化岩及硬质土砂地、道路边坡、矿山、库区以及贫瘠土地。

缺点：要求边坡稳定、坡面冲刷轻微，边坡坡度大的地方和长期浸水地区均不适合。

（四）平铺草皮护坡

平铺草皮护坡，是通过人工在边坡面铺设天然草皮的一种传统边坡植物防护措施。

特点：施工简单，工程造价低、成坪时间短、护坡功效快施工季节限制少。

适用于附近草皮来源较易、边坡高度不高且坡度较缓的各种土质及严重风化的岩层和成岩作用差的软岩层边坡防护工程。是设计应用最多的传统坡面植物防护措施之一。

缺点：由于前期养护管理困难，新铺草皮易受各种自然灾害，往往达不到满意的边坡防护效果，而造成坡面冲沟、表土流失、坍滑等边坡灾害。导致大量的边坡病害整治、修复工程。近年来，由于草皮来源紧张，使得平铺草皮护坡的作用逐渐受到了限制。

（五）生态袋护坡

生态袋护坡，是利用人造土工布料制成生态袋，植物在装有土的生态袋中生长，以此来进行护坡和修复环境的一种护坡技术。

特点：透水、透气、不透土颗粒，有很好的水环境和潮湿环境的适用性，基本不对结构产生渗水压力。施工快捷、方便，材料搬运轻便。

缺点：由于空间环境所限，后期植被生存条件受到限制，整体稳定性较差。

（六）混凝土生态护坡

混凝土生态护坡，是由石块、混凝土砌块、现浇混凝土等材料形成网格，在网格中栽植植物，形成网格与植物综合护坡系统，既能起到护坡作用，又能恢复生态、保护环境。

混凝土生态护坡将工程护坡结构与植物护坡相结合，护坡效果非常好。其中现浇网格生态护坡是一种新型护坡专利技术，具有护坡能力极强、施工工艺简单、技术合理、经济实用等优点，具有很大的实用价值。

二、生态混凝土材料

（一）骨料

生态混凝土的骨料应符合现行行业标准《普通混凝土用砂、石质量及检验方法标准》。骨料宜采用单级配，粒径宜控制在20~40mm。针片状颗粒含量不宜大于15%，逊径率不宜大于10%，含泥（粉）总量不宜大于1%。

（二）水泥

生态混凝土应采用通用硅酸盐水泥作为胶凝材料，包括硅酸盐水泥、普通硅酸盐水泥、矿渣硅酸盐水泥、火山灰质硅酸盐水泥、粉煤灰硅酸盐水泥和复合硅酸盐水泥。

（三）添加剂

制作用于水上护坡、护岸的生态混凝土，空隙内应添加盐碱改良材料，以改善空隙内生物生存环境。盐碱改良材料应具有下列功能：

第一，不破坏维持混凝土稳定性、耐久性的碱性环境。

第二，避免混凝土析出的盐碱性物质对生态系统的不利影响。

用于水上护坡、护岸的生态混凝土宜添加缓释肥，或通过盐碱改良材料与混凝土析出物相互作用提供植物生长必需元素。

对有抗冻要求的地区，制作生态混凝土时应添加引气减水剂，提高抗冻融能力。

当需进一步提高生态混凝土抗压强度时，可在拌和时加入减水剂或环氧树脂、丙乳等聚合物黏合剂。

三、生态混凝土施工

（一）生态混凝土的配合比

生态混凝土的配合比应符合下列规定：

第一，生态混凝土的骨料品种和粒径、水灰比，应满足防护安全要求和构建不同生态系统的需要。

第二，骨料粒径宜为20~40mm，水泥用量宜为280~320kg/m³，水灰比不宜大于0.5，必要时应加入减水剂。

第三，采用碎石或砾石作为骨料的生态混凝土，其抗压强度不应小于5MPa。

第四，盐碱改良材料用量应根据营养基和盐碱改良材料的性能综合确定，确保植物一次播种绿化年限不应少于5年。

（二）生态混凝土的配制

生态混凝土的配制应符合下列规定：

第一，生态混凝土的拌和宜采取两次加水方式，即先将骨料倒入搅拌设备，加入用水量的50%，使骨料表面湿润，再加入水泥进行搅拌混合；然后陆续加入剩余的50%用水量继续进行搅拌，以骨料被水泥浆充分包裹、表面无流淌为度。

第二，生态混凝土在运送途中，应避免阳光暴晒、风吹、雨淋，防止形成表面初凝或脱浆。如有表面初凝现象，应进行人工拌和，符合要求后方可入仓。

（三）坡式结构施工

1.坡式结构清基及修坡规定

第一，坡式结构施工前应进行清基和修坡处理，不得有树根、杂草、垃圾、废渣、洞穴及粒径50mm以上的土块。

第二，坡面应平整，无软基，坡面修整的坡比、表面压实度应满足设计要求和生态修复要求。

第三，修整后的坡面无天然可耕作表土时，应根据设计要求，覆盖适合植物生长的土料。

第四，对清除的表土应外运至弃土场，不得重新用于填筑边坡；对可利用的种植土料宜进行集中储备，并采取防护措施。

2.预制生态混凝土构件铺设规定

第一，预制生态混凝土块体或混凝土外框内填生态混凝土构件，应采用专用的构件成型机一次浇筑成型。

第二，构件铺设时应整齐摆放，确保平整、稳定；缝隙应紧密、规则，间隙不宜大于4mm；相邻构件边沿宜无错位，相对高差不宜大于3mm。

第三，在整体护砌面铺设后四周空缺处，应采用相应几何形状的半块构件或生态混凝土现浇补充。

第四，当遇到坡面局部不平整时，可于铺设构件前，在营养型无纺布表面用土找平或夯平。

第五，搬运、摆放时应避免磕碰、摔打、撞击，铺设时严禁采用砸、踩、摔等方式找平。

3.现场浇筑生态混凝土规定

第一，现场浇筑生态混凝土应根据设计的分仓形式先进行分仓施工。

第二，浇筑生态混凝土前应预先在底面铺设一层小粒径碎石。

第三，生态混凝土进入框架、格室内后，应及时平整，可采用微型电动抹具压平或人工压实表面，保证与框架梁或格室紧密结合，不宜采用大功率振捣器进行振捣。

第四，生态混凝土浇筑厚度应满足设计要求，浇筑作业时间不宜过长，以避免骨料表面风干。

第五，采用土工格室分仓时，土工格室的边长、高度、厚度应符合设计要求，并用木桩或铁桩进行张拉和固定（含高度控制）；生态混凝土浇注格室时应在格室两侧同时进料，防止格室变形。

4.生态混凝土生态孔隙填充要求

第一，填充前应按生态混凝土盐碱改良要求和营养供应要求配制好填充材料，并摊铺在生态混凝土表面，厚度为生态混凝土厚度的25%~30%。

第二，生态孔隙填充方式可视具体情况选用下列方法。

（1）吹填法

用空气压缩机、吹风机吹填，吹填时应减少飞溅量，以填充材料无法继续吹入为度。

（2）水填法

采用低水压喷水，使填充材料随水流注入生态孔隙内。水量不宜过大，避免水流将填充材料流走。

（3）振填法

生态混凝土预制构件可采用振填方法，可采用微型平板振动器振动构件外沿，使填充材料沉入生态孔径内。

5.生态混凝土表面种植土回填规定

第一，生态混凝土表面回填种植土采用可耕作土壤。

第二，回填种植土前应在基面撒一层土，然后在生态混凝土基面施用15~$20g/m^2$的速效底肥。速效底肥宜采用磷酸二铵、尿素等氮肥。

第三，回填土料含水率不应小于15%，土料过干时，可在回填后的土料表面喷洒少量水。

第四，回填土时可人工摊平并轻压，摊平后的土料平均厚度不宜大于20mm。

6.预制生态混凝土块体和构件的运输及安装规定

第一，块体和构件装运时应轻搬、轻放、轻码，运输中防止剧烈颠簸，严禁抛掷和倾倒自卸。

第二，安装前坡面修整及反滤材料铺设应按规定执行。

第三，安装时应从护坡基脚开始，由护坡底部向护坡顶部有序安装。

第四，安装应保持坡面平整，高差应控制在设计允许偏差范围内，不得凹凸过大。安装要符合外观质量要求，纵、横及斜向线条应平直。

第五，构件安装应稳固，不得晃动、错动，预制构件间的缝隙应紧密。

第六，在基脚、封顶处，两预制构件碰接处的空缺应用生态混凝土填实。

（四）墙式结构施工

1.生态混凝土墙式结构的箱式砌块制作规定

第一，预制混凝土箱体应采用专用设备制作。

第二，生态混凝土箱式砌块的内芯填浇方式可采用：底层浇注生态混凝土140mm，中间放置营养包60~70mm，上层浇注生态混凝土150mm。

第三，营养包采用80g无纺布制成袋，袋内填充配制好的盐碱改良材料及其他植物营养填充材料。

第四，用于水上挡墙的生态混凝土箱式砌块内，应在内芯生态混凝土浇筑并养护7天后，向孔隙内充灌盐碱改良材料。

2.生态混凝土墙式结构基础处理规定

第一，应根据不同工程地质要求，选用混凝土或钢筋混凝土、浆砌石或干砌石、石笼等进行基础处理，并满足设计要求。除石笼基础外，其他形式基础应采用预留或预埋孔道方式保持水—土生态系统的连通。

第二，采用混凝土基础时，当顶面达到设计高程面后，应保持表面平整或采用砂浆找平；采用浆砌石或干砌石基础时，应采用砂浆找平；采用石笼基础时，可在石笼顶层浇筑钢筋混凝土基础梁。

3.生态混凝土砌块或构件安装规定

第一，生态混凝土砌块或构件宜采用水泥砂浆砌筑，砌缝宽度宜为20~30mm，砂浆饱满度不应小于80%。

第二，在不影响挡墙安全稳定性的条件下，砌块或构件可采用适当错位方式摆放，提高挡墙空间异质性程度，增加生态修复效果。

第三，砌块或构件安装应稳固，不得有错动、晃动现象，砌块顶部应设混凝土压顶，保持整体稳定。

质量检验与评定：各种原材料、配合比、施工各个主要环节均应进行检查和控制。

应建立健全质量管理和保证体系，并根据工程规模和质量控制管理的需要，配备相应的技术人员和必要的检验、试验设备，建立健全必要的技术管理与质量控制制度。

（五）柔性生态护坡

柔性生态护坡工程系统的根植土厚度达0.3m以上，完全达到园林规范要求，植被土层的厚度，可为各种草本和木本植物提供良性生长的土壤环境。

第一，适合当地气候条件的植物，尽量选用乡土植物。

第二，选择不易退化的品种，尽量选择乔、灌、花、草等的立体植被形式。

第三，抗病虫害能力强，对周围环境的危害性小，选择易成活少维护的植被。

第四，寿命或者效果发挥时间长。

第五，具有能够美化环境的效果。

第六，容易维护管理。

柔性生态护坡优点：

1.结构稳定

自锁结构，整体受力，有很好的稳定性，对冲击力有很好的缓冲作用，抗震性好。生态袋具有透水、透气、不透土的性能，有很好的水环境和潮湿环境的适应性，基本不对结构产生反渗水压力。结构面通过植被的根系同原自然坡面结合成一个有机的整体，不会产生分离和坍塌等现象。对基础处理要求低，对不均匀沉降有很好的适应性，结构不产生温度应力，不需要设置伸缩缝。是永久性有生命的工程，随着时间的延续，植被根系进一步发达，结构的稳定性和牢固性也会进一步加强。

2.生态环保

良好的生态环境系统，乔、灌、藤、花、草结合，植被不退化。不使用传统的高耗能材料，不产生建筑垃圾，没有施工噪声污染，能与生态环境很好的融合。植物种子选择多样化，在乡土植物、地带性的前提下，充分发挥植物根系的保土、蓄水、改良环境等功能。柔性生态护坡的广泛应用，比传统做法节约80%以上的能源消耗，可为国家节约数以亿万计的二氧化碳等有害气体排污治理费。

3.施工快捷

施工快捷方便，施工人员专业技术要求低。管理方便，材料轻便易运易储，运输量比传统做法减少95%以上。

4.维护费低

良好的生态边坡，植被持久不会退化，不需后期维护费。相比于传统护坡，柔性生态技术为植被生长提供更厚的土壤环境，延长了植被生长时间，减少了修复次数和费用。植物土壤改良方便，肥效利用明显提高，减少多次补肥费用，透水透气系统有利植被生长，节省维护费用。就地取土，进行土壤改良，节省二次搬运费用。

四、生态袋

生态袋护坡系统针对开挖坡度65°~75°，甚至更大坡度，易发生滑坡和垮塌的边坡，宜采用生态袋生态护坡系统进行防护施工。其核心技术是不可替代的高分子生态袋：由聚丙烯及其他高分子材料复合制成的材料编织而成，耐腐蚀性强，耐微生物分解，抗紫外线，易于植物生长，使用寿命长达70年的高科技材料制成的护坡材料。主要特点是：它允许水从袋体渗出，从而减小袋体的静水压力；它不允许袋中土壤泻出袋外，达到了水土保持的目的，成为植被赖以生存的介质；袋体柔软，整体性好。

生态袋护坡系统通过将装满植物生长基质的生态袋沿边坡表面层层堆叠的方式在边坡表面形成一层适宜植物生长的环境，同时通过连接配件将袋与袋之间，层与层之间，生态袋与边坡表面之间完全紧密地结合起来，达到牢固的护坡作用，同时随着植物在其上的生长，进一步地将边坡固定然后在堆叠好的袋面采用绿化手段播种或栽植植物，达到恢复植被的目的。由于采用生态袋护坡系统所创造的边坡表面生长环境较好（可达到30~40cm厚的土层），草本植物、小型灌木，甚至一些小乔木都可以非常好地生长，能够形成茂盛的植被效果。近年来被广泛应用于各种恶劣情况下的边坡防护施工以及其他一些防护和生态修复领域。

施工程序：

第一，施工准备，做好人员、机具、材料准备。挖好基础。

第二，清坡，清除坡面浮石、浮根，尽可能平整坡面。

第三，生态袋填充，将基质材料填装入生态袋内。采用封口扎带或现场用小型封口机封制。

第四，生态袋和生态袋结构扣及加筋格栅的施工，基础和上层形成的结构将生态袋结构扣水平放置在两个袋子之间靠近袋子边缘的地方，以便每一个生态袋结构扣跨度两个袋子，摇晃扎实袋子以便每一个标准扣刺穿袋子的中腹正下面。每层袋子铺设完成后在上面放置木板并由人在上面行走踩踏，这一操作是用来确保生态袋结构扣和生态袋之间良好的联结。铺设袋子时，注意把袋子的缝线结合一侧向内摆放，每垒砌三层生态袋便铺设一层加筋格栅，加筋格栅一端固定在生态袋结构扣上。在墙的顶部，将生态袋的长边方向水平垂直于墙面摆放，以确保压顶稳固。

第五，绿化施工，喷播：采用液压喷播的方式对构筑好的生态袋墙面进行喷播绿化施工，然后加盖无纺布，浇水养护。栽植灌木：对照苗木带的土球大小，用刀把生态袋切割一"丁"字小口，同时揭开被切的袋片；用花铲将被切位置土壤取出至适合所带土球大小，被取土壤堆置于切口旁边；用枝剪把苗木的营养袋剪开，完全露出土球，适当修剪苗木根系与枝叶；把苗木放到土穴中，然后用花铲将土壤回填到土穴缝边，同时扎土，直到回填完好，并且盖好袋片；对于刚插植完的苗木，必须浇透淋根水；后期按绿化规范管养。

五、三维植被网

（一）三维植被网结构

三维植被网是以热塑性树脂为原料，经挤出、拉伸等工序精制而成。它无腐蚀性，化学性稳定，对大气、土壤、微生物呈惰性。

三维植被网的底层为一个高模量基础层，采用双向拉伸技术，其强度高，足以防止植被网变形，并能有效防止水土流失。三维植被网的表层为一个起泡层，膨松的网包以便填入土壤、种上草籽帮助固土，这种三维结构能更好地与土壤相结合。

作用：在边坡防护中使用三维植被网能有效地保护坡面不受风、雨、洪水的侵蚀。三维植被网的初始功能是有利于植被生长。随着植被的形成，它的主要功能是帮助草根系统增强其抵抗自然水土流失能力。

（二）三维植被网的特点

由于网包的作用，能降低雨滴的冲击能量，并通过网包阻挡坡面雨水的流速，从而有效地抵御雨水的冲刷；网包中的充填物（土颗粒、营养土及草籽等）能被很好地固定，这样在雨水的冲蚀作用下就会减少流失；在边坡表层土中起着加筋加固作用，从而有效地防止了表面土层的滑移；三维植被网有助于植被的均匀生长，植被的根系很容易在坡面土层中生长固定；三维植被网能做成草毯进行异地移植，能达到需快速防护工程的植被要求。

（三）三维网植草防护的特点

使边坡具有较大的稳定性，实施三维网植草后，草根生长与三维网形成地面网系，可以有效防止地表径流冲刷，而根系深入原状坡面深层，使坡面土层与三维网及草坪共同组成坡面防护体系，对坡面的稳定起到重要的作用；创造一个绿意浓郁的边坡生态环境，改善高速公路的景观，符合现行环境要求；工艺简单，操作方便、施工速度快；经济可行。

（四）施工程序与施工工艺

三维网植草是一种新的边坡防护方式，该方法具有工艺操作方便、施工速度快、经济可行的特点，且一般能满足河道边坡防护和美化的要求，其施工程序与工艺如下：边坡场地处理→挂网→固定→回填土→喷播草籽→覆盖无纺布→养护管理。

1.边坡场地处理

在修整后的坡面上进行场地处理，首先清除石头、杂草、垃圾等杂物然后平整坡面、使坡面流畅并要适当人工夯实。不要出现边坡凹凸不平、松垮现象。

2.挂网

三维网（Em^3）在坡顶延伸50cm埋入截水沟或土中，然后自上而下平铺到坡肩，网与网间平搭，网紧贴坡面，无褶折和悬空现象。

3.固定

选用φ6mm钢筋和8#铁丝做成的U形钉进行固定，在坡顶、搭接处采用主锚钉固定。坡面其余部分采用辅锚钉固定。坡顶锚钉间距为70cm，坡面锚钉间距为100cm。锚钉规格：主锚钉为（φ6mm钢筋）U形钢钉长20~30cm，宽10cm，辅锚钉为（φ8*铁丝）U形铁钉长15~20cm，宽5cm，固定时，钉与网紧贴坡面。

4.回填土

三维网固定后，采用干土施工法进行回填土，把黏性土、复合肥或沤制肥充分搅拌均匀，并分2~3次人工抛撒在边坡坡面上，第一次抛撒的厚度控制在3~5cm为适，第二次抛撒厚度1~2cm，回填直至覆盖网包（指自然沉降后）。每次抛撒完毕后，在抛撒土壤层的表面机械洒水，机械洒水时，水柱要分散，洒水量不能太多，以免造成新回填土流失，目的是使回填的干土层自然沉降，并要进行适度夯实，防止局部新回填土层与三维网脱离。要求填土后的坡面平整，无网包外露。所选用的黏性土应颗粒匀称，显粉末状，无石块与其他杂物存在，肥料可采用进口复合肥（N：P：K=15：15：15）或堆沤基肥，用肥量：20g/m^2。采用干土施工法具有施工操作简单，对路面不会造成污染等优点。

5.喷播草籽

喷播草籽：液压喷播绿化技术，其原理及操作方法是应用机械动力，液压传送，将附有促进种子萌发小苗木生长的种子附着剂、纸纤维、复合肥、保湿剂、草种子和一定量的清水，溶于喷播机内经过机械充分搅拌，形成均匀的混合液，再通过高压泵的作用，将混合液高速均匀喷射到已处理好的坡面上，附着在地表，与土壤形成一个有机整体，其集生物能、化学能、机械能于一体，具有效率高、成本低，劳动强度小，成坪快的优点。

草种配比：根据边坡的自然条件、立地条件、土壤类型等客观因素科学地进行草种配比，使其能在边坡坡面上良好生长，形成"自然、优美"的景观。使用的具体品种及用量视现场而定。

6.覆盖无纺布

根据施工期间气候情况及边坡的坡度，来确定在喷播表面层盖单层或多层无纺布，以减少因强降水量造成对种子的冲刷，同时也减少边坡表面水分的蒸发，从而进一步改善种子的发芽、生长环境。

7.养护管理

苗期注意浇水，确保种子发芽、生长所需的水分；适时揭开无纺布，保证草苗生长正常；适当施肥，一般使用进口复合肥，为草坪生长提供所需养分；定时针对性地喷洒农药，定期清除杂草，保证草坪健康生长；成坪后的草坪覆盖率达到95%以上，一片葱绿，无病虫害。

参考文献

[1] 谷祥先，凌风干，陈高臣.水利工程施工建设与管理[M].长春：吉林科学技术出版社，2023.

[2] 宋金喜，曲荣良，郑太林.水文水资源与水利工程施工建设[M].长春：吉林科学技术出版社，2023.

[3] 任海民.水利工程施工管理与组织研究[M].北京：北京工业大学出版社，2023.

[4] 王操，杨涛，徐萍.水利水电工程施工技术[M].北京：中国水利水电出版社，2023.

[5] 于林军.水利工程施工技术与组织管理[M].北京：中国华侨出版社，2023.

[6] 杜海燕，夏薇，张晓川.水利工程施工管理技术措施研究[M].北京：现代出版社，2023.

[7] 姜靖，于峰，吴振海.现代水利水电工程建设与管理[M].北京：现代出版社，2023.

[8] 刘波，刘洋洋，王俊.水利工程施工组织和管理研究[M].延吉：延边大学出版社，2023.

[9] 张慧，王连勇，龙辉.水利工程技术与审查创新研究[M].北京：现代出版社，2023.

[10] 巴丽敏.现代水利工程管理与环境发展探索[M].长春：吉林科学技术出版社，2023.

[11] 付志国，高青春，刘姝芳.水利工程管理创新与水资源利用[M].长春：吉林科学技术出版社，2023.

[12] 丁亮，谢琳琳，卢超.水利工程建设与施工技术[M].长春：吉林科学技术出版社，2022.

[13] 朱卫东，刘晓芳，孙塘根.水利工程施工与管理[M].武汉：华中科技大学出版社，2022.

[14] 崔永，于峰，张韶辉.水利水电工程建设施工安全生产管理研究[M].长春：吉林科学技术出版社，2022.

[15] 张晓涛，高国芳，陈道宇.水利工程与施工管理应用实践[M].长春：吉林科学技术出版社，2022.

[16] 杨念江，朱东新，叶留根.水利工程生态环境效应研究[M].长春：吉林科学技术出版

社，2022.

[17]沈英朋，杨喜顺，孙燕飞.水文与水利水电工程的规划研究[M].长春：吉林科学技术出版社，2022.

[18]王增平.水利水电设计与实践研究[M].北京：北京工业大学出版社，2022.

[19]陈忠，董国明，朱晓啸.水利水电施工建设与项目管理[M].长春：吉林科学技术出版社，2022.

[20]廖昌果.水利工程建设与施工优化[M].长春：吉林科学技术出版社，2021.

[21]陈凌云，董伟华，刘国明.水利工程规划建设与施工技术[M].长春：吉林科学技术出版社，2021.

[22]赵静，盖海英，杨琳.水利工程施工与生态环境[M].长春：吉林科学技术出版社，2021.

[23]宋秋英，李永敏，胡玉海.水文与水利工程规划建设及运行管理研究[M].长春：吉林科学技术出版社，2021.

[24]张义.水利工程建设与施工管理[M].长春：吉林科学技术出版社，2020.

[25]王立权.水利工程建设项目施工监理概论[M].北京：中国三峡出版社，2020.

[26]贺芳丁，从容，孙晓明.水利工程设计与建设[M].长春：吉林科学技术出版社，2020.

[27]刘勇，郑鹏，王庆著.水利工程与公路桥梁施工管理[M].长春：吉林科学技术出版社，2020.

[28]闫文涛，张海东.水利水电工程施工与项目管理[M].长春：吉林科学技术出版社，2020.

[29]张兵，史洪飞，吴祥朗.水利水电：工程勘测设计施工管理与水文环境[M].北京：北京工业大学出版社，2020.

[30]张永昌，谢虹，焦刘霞.基于生态环境的水利工程施工与创新管理[M].郑州：黄河水利出版社，2020.

[31]刘志强，季耀波，孟健婷，叶成恒.水利水电建设项目环境保护与水土保持管理[M].昆明：云南大学出版社，2020.

[32]初建.水利工程建设施工与管理技术研究[M].北京：现代出版社，2019.

[33]李宝亭，余继明.水利水电工程建设与施工设计优化[M].长春：吉林科学技术出版社，2019.

[34]刘明忠，田淼，易柏生.水利工程建设项目施工监理控制管理[M].北京：中国水利水

电出版社，2019.

[35]姬志军，邓世顺.水利工程与施工管理[M].哈尔滨：哈尔滨地图出版社，2019.

[36]孙玉玥，姬志军，孙剑.水利工程规划与设计[M].长春：吉林科学技术出版社，2019.

[37]刘景才，赵晓光，李璇.水资源开发与水利工程建设[M].长春：吉林科学技术出版社，2019.

[38]袁云.水利建设与项目管理研究[M].沈阳：辽宁大学出版社，2019.